新农村建设丛书

# 珍禽生产技术

何艳丽 主编

U0297865

吉林出版集团股份有限公司
吉林科学技术出版社

**图书在版编目（CIP）数据**

珍禽生产技术/何艳丽编.

—长春：吉林出版集团股份有限公司，2007.12

（新农村建设丛书）

ISBN 978-7-80762-007-5

Ⅰ．珍...　Ⅱ．何...　Ⅲ．养禽学　Ⅳ．S83

中国版本图书馆 CIP 数据核字（2007）第 187160 号

珍禽生产技术

ZHENQIN SHENGCHAN JISHU

主编　何艳丽

责任编辑　赵黎黎

出版发行　吉林出版集团股份有限公司　吉林科学技术出版社

印刷　三河市祥宏印务有限公司

2007 年 12 月第 1 版　　2018 年 10 月第 16 次印刷

开本　850×1168mm　1/32　　印张　4　字数　97 千

ISBN 978-7-80762-007-5　　定价　16.00 元

社址　长春市人民大街 4646 号　　邮编　130021

电话　0431－85661172　　传真　0431－85618721

电子邮箱　xnc408@163.com

# 《新农村建设丛书》编委会

# 珍禽生产技术

主　编　何艳丽

编　者　孙　瑶　何艳丽　李　生　姚桂馥
　　　　徐家萍

主　审　闫新华

# 出版说明

　　《新农村建设丛书》是一套针对"农家书屋""阳光工程""春风工程"专门编写的丛书,是吉林出版集团组织多家科研院所及千余位农业专家和涉农学科学者倾力打造的精品工程。

　　丛书内容编写突出科学性、实用性和通俗性,开本、装帧、定价强调适合农村特点,做到让农民买得起,看得懂,用得上。希望本书能够成为一套社会主义新农村建设的指导用书,成为一套指导农民增产增收、脱贫致富、提高自身文化素质、更新观念的学习资料,成为农民的良师益友。

# 目　　录

# 第一章 概　　述

珍禽是指那些珍贵、稀有、能满足人们某些特殊需要（如保健食用、药用、狩猎、观赏、资源保护等）、经济价值高的半家养或野生的禽类。以珍禽作为饲养对象，进行商品化生产的产业即为珍禽饲养业。

珍禽及其饲养业兼有以下几个主要特征：第一，数量和规模小，多为稀有或濒危的种类；第二，经济价值均较高，其产品多属于高档消费品；第三，能满足人们的某些特殊需要；第四，养殖历史不长，多数是野生驯养和半家养化饲养的禽类。正因为如此，珍禽饲养业在当代的商品经济中成为一项新兴的产业。

我国目前驯养或饲养较多的珍禽主要有雉鸡、鹌鹑、火鸡、肉鸽、珍珠鸡、榛鸡、药用型乌骨鸡、肉皮兼用型鸵鸟、观赏型孔雀、鹦鹉，以及各种濒危的保护型禽类。

## 第一节　发展珍禽养殖业的意义

### 一、提供丰富的产品，满足人们越来越高的物质需要

珍禽类及其产品日渐增多，已成为不依赖于野生资源的货源，正逐步满足着人们越来越高的特殊物质需求。如雉鸡、鹌鹑、火鸡、肉鸽、珍珠鸡、榛鸡、鸵鸟等禽类的优质保健肉，为人们餐桌增添了新的美味佳肴，鹌鹑蛋已成为常见的商品，鸵鸟皮为高档裘皮产品，各种珍禽的工艺品标本已经逐渐进入到家庭和办公室的摆设之中；用鲜活珍禽及其产品馈赠亲友亦屡见不鲜。

## 二、增加出口创汇、支援国家经济建设

近年来，随着珍禽养殖业的兴起和发展，其产品已打入国际市场，为国家的经济建设换取了大量的外汇。如雉鸡冻白条出口日本，活雉鸡和肉鸽销往韩国等地。

## 三、为广大城乡的脱贫致富开辟了新的渠道

珍禽饲养业的经济效益较家禽饲养业高，是投资少、见效快的产业。近年来，我国农业、畜牧业和水产品的生产稳步发展，产量大幅度提高，许多地方的农、林、牧、副、渔业产品或下脚料，急需增值转化，为发展珍禽饲养业提供了良好的饲养来源。发展珍禽饲养业既有利于开发当地的资源，发展多种经营，又有利于安置城镇（乡）下岗职工和农村的闲散劳动力，这对国家、集体、个人都是有利的，也为我国广大城乡和农村的脱贫致富开辟了新的养殖渠道。

## 四、为我国的医疗保健和轻工业提供原料

乌骨鸡的肉、骨是我国传统的药品"乌鸡白凤丸"的主要原料之一；鸵鸟皮是毛皮加工中的优等原料；珍禽的各种艳丽羽毛是工艺品的原料。大力发展珍禽饲养业保证产品的原料供应，无疑将对这些产业起到促进作用。

## 五、积极推动旅游狩猎业的发展

雉鸡作为世界上最重要的猎禽之一，是国外旅游狩猎场的主要经营品种。而我国随着改革开放的深入与发展，旅游狩猎已逐渐成为人们追求的一种新的生活时尚，因此旅游狩猎业的发展必将为珍禽饲养业的发展注入新的活力。

## 六、有力地促进濒危珍禽的保护

珍禽饲养场本身起到了活体基因库的作用，对野生资源的保护起到了防止灭绝和继续利用的深远作用。

# 第二节　珍禽养殖业的特点

珍禽基本上都属于半家养或野生的禽类，与畜牧业中的家禽相比，有其许多不同的特点。

## 一、珍禽养殖业是一门新兴的产业和学科

珍禽养殖实质上属于一门多学科交叉的边缘性产业，并处在不断形成发展中。一直与许多学科有着直接或间接的关系，尤其与动物生态学、行为学、营养学、遗传学、育种学、繁殖学、疾病学等学科关系密切。

## 二、珍禽养殖业有其固有的规律性

珍禽养殖业通常需从引种、驯化开始，逐步过渡到人工饲养繁殖、育种、产品生产的过程，故体现出固有的规律性，必须针对其固有的规律和特点，采取切实可行的研究手段和与之配套的技术，才能达到驯养和生产的目的，最终过渡到珍禽养殖业的优质、高效和商品化生产。

## 三、珍禽养殖业的季节性强

珍禽与常见家禽不相同，不能在完全封闭的饲养条件下进行均衡地工厂化生产，其固有的生长、繁殖和产品生产均有较强的季节性变化，在年周期饲养过程中，技术环节的要求也特别高，任何一个季节的故障和技术环节的失误，均会影响全年的生产指标和经济效益。

## 四、珍禽养殖业的风险较大

珍禽养殖业投入较多（种禽较贵，建筑材料用量较多），正常生产和销路畅通的情况下资金回收和周转也快，效益也高，但在不能正常生产繁殖或缺乏销售市场的前提下，将会出现较大的亏损，因而具有较大的风险性。珍禽品种质量、生产技术水平、饲养成本、销售市场情况及价格，是影响风险性大小的主要因素。珍禽养殖场家必须通过周密的计划、科学的管理和充分的市

场调研来减小风险。

### 五、养殖业的信息性强

珍禽产品受市场需求和行情影响较大，因此，信息性强，竞争性强。只有随时把握市场信息才能有稳定和持久的经济效益。

# 第三节　我国珍禽养殖业现状及发展对策

近十几年来，随着我国以经济建设为中心的改革开放政策的实施，珍禽养殖业迅速兴起，并很快普及到全国各地。如雉鸡、乌骨鸡、鹌鹑、肉鸽、珍珠鸡、野鸭，已初步形成产业化、商品化生产。珍禽作为大农业中特产农业的组成部分，大大丰富了肉产品的品种。而且其肉质与家禽相比，具有高蛋白、低脂肪、低胆固醇和独具风味的特点；有的珍禽肉、骨、内脏还有一定的医疗作用。这均有利于人类的健康，备受人们的喜爱和重视。珍禽羽毛和毛皮也可加工成工艺品或作为轻工产品的原料，随着人们生活水平的提高，将对其需求越来越大。珍禽业与家禽业相比，其经济效益更为显著，因其许多产品是国家出口物质，在换取外汇上发挥了较大的作用；国内销售仍多集中在高档宾馆和饭店，就目前而言，每只珍禽的利润为每只家禽的几倍至十几倍。

### 一、珍禽养殖业在世界范围内的发展趋势

一是向着食用和狩猎方向发展。二是向着观赏和保护资源的方向发展。

目前在世界上发展规模较大的珍禽有以食肉为主的雉鸡、火鸡、鹌鹑、鹧鸪、肉鸽、野鸭、珍珠鸡、鸵鸟等，以保健医药为主的乌骨鸡，以及以观赏为主的孔雀、鹦鹉、长尾雉等。我国在国际市场具有竞争力的珍禽品种有雉鸡、乌骨鸡、肉鸽和番鸭。此外，野鸭、鹧鸪、珍珠鸡、火鸡、鹌鹑等在国际市场上也有相当的销售量，但目前出口量很少，今后应努力开发，提高国际市场占有率。

1. 雉鸡　我国对雉鸡的较大规模人工驯养与繁殖研究起步较晚（1978 年），自 1985 年以来在全国范围内进行了推广普及。1992—1993 年间雉鸡的人工饲养量达到高峰，每年生产商品雉鸡达 600 多万只；之后在 1994 和 1995 年度由于国内推广种雉鸡达到饱和以及缺乏产品销售市场（包括国内市场和国际市场）的进一步开发，造成了雉鸡养殖业的滑坡。有许多雉鸡养殖场家纷纷下马。1996 年度因产品货源紧俏又使雉鸡养殖业开始回升。十多年来，雉鸡产品（活体、冻白条和分割肉）主要销往日本、我国的香港特别行政区和东欧等地。日本客户通过分析鉴定和品尝认为，中国农业科学院特产研究所通过杂交改良培育的左家雉鸡肉质极佳，具有很强的市场竞争力。吉林省近年来向日本出口左家雉鸡冻白条和分割肉市场表现不俗，折合每只商品雉鸡的出口价格为 90 元人民币。

2. 乌骨鸡　乌骨鸡为中国传统的药用珍禽品种，具有稳定的销售市场，为乌鸡白凤丸等多种中成药的原料之一；近些年来随着其养殖业的扩大，也逐渐进入普通老百姓家的保健膳食中。乌骨鸡在国际市场上原为观赏型禽类，食用量不大，而现已进入保健品市场，尤其在日本格外走俏，我国每年均大量出口日本、东南亚等地。乌骨鸡因其具有稳定的国内外销售市场，其饲养规模稳步扩大，据不完全统计，1995 年度江苏省全省的乌骨鸡生产量就达近 3000 万只。

此外，肉鸽（乳鸽）、鹌鹑、番鸭、野鸭、鹧鸪、珍珠鸡、火鸡等在国际市场中也有相当的销售量。据报道，1995 年度江苏省全省的肉鹌鹑和蛋鹌鹑饲养量就分别达到 2950 万只和 534 万只。绿头野鸭在上海等地已形成一定的饲养规模，其产品已出口到日本。

展望我国珍禽业的发展前景，随着社会经济的增长和人们消费质量的提高，珍禽生产将在畜牧业中占据越来越重要的地位。正确引导珍禽生产，积极开拓国内外市场，加强科学化生产与管理，将会产生可观的经济效益和社会效益。但目前我国的珍禽市场比较混乱，也存在着许多问题。要实现高产、优质、高效的珍禽养殖业，需要采取以下几项对策。

加强产品深加工和开拓市场的研究，面向市场搞好产业化基地的建设。珍禽产品不同于家禽产品。没有形成稳定的消费市场，也不是大众化的产品，这样一来，发展珍禽业首先就要挖掘不同珍禽品种的利用价值（即特殊需要价值），进行深加工，重复增值，变单一产品为多种产品；主产品与副产品同时开发，广辟国内外市场，逐步增强珍禽养殖业的出口创汇能力。

**二、珍禽业也应面向市场的需要，搞好产业化基地建设**

尽可能把每一个珍禽生产基地建成一个产业循环网，实现生产、加工、销售一条龙；国营、集体、外资多方参与，形成珍禽产品加工厂。改粗加工为精加工，改简单利用为多级利用，向多品种、多花色、高质量、系列化推进。在项目开发上，要坚持高起点、高标准，在创名、优、特、新上下功夫，生产自己的独家产品和拳头产品，逐步形成自己的特点，一旦形成特色就打入并占有国内、国际市场。只有建立起稳定的和广阔的销售市场，才能促进珍禽业的健康发展，才能避免生产经营的盲目性和珍禽业的大起大落。

**三、必须依靠科技，利用先进的、科学的、高效的综合配套技术提高养殖水平和效益**

综合配套技术主要包括以下三个方面。

1. 采用最新的良种手段，在家养条件下加强新品种的培育工作　珍禽与家禽相比，其家养驯化时间较短，群体内个体差异较大，若采用最新的育种手段进行新品种的选种、选育工作，其遗传改进速度将会是十分明显的。珍禽生产性能指标的提高，将直接降低种禽的饲养成本和提高养殖业的经济效益。另外，在珍禽育种工作中，还要注意保持和提高其肉质的特殊风味和保健营养价值，以及外形的观赏价值；要突出珍禽的营养保健特点和观赏性，以质量求效益。应逐步建立起珍禽原种场、种禽扩繁场和商品生产场的良种繁育体系，并加强种源基地的建设与管理。

2. 采用科学的饲养管理技术　目前，在珍禽饲养管理技术上的突出问题表现在产蛋量低、种蛋孵化率低、育雏期和育成期存活率低、叨啄现象严重和饲料转化率低等。要改善上述各环节，其核心技术是合理的营养水平和先进的饲料配方。首先要根据不同珍禽品种的营养特点和生理、生产需要，加强对各生物学时期营养需要的研究，在此基础上筛选出优化饲料配方，再利用现代饲料工业机械加工成全价配合饲料，进行科学饲喂。多年的实践证明，不按珍禽的营养需要合理配制日粮，其养殖水平是低下的，也收不到良好的效益。其次，要加强育雏期、育成期及种禽生产期饲养环境的研究和环境控制管理工作。在珍禽的管理技术中，应特别指出的是要加强对各种珍禽行为学的研究，探明其正常行为和异常行为，以其行为作为选种、制定管理制度、调节环境条件和了解珍禽是否处于应激状态的依据。

3. 加强疾病的防治工作　主要包括定期疫苗接种，定期预防性投药和定期环境消毒。应特别指出的是，珍禽的疾病防治应符合国际标准，以保证珍禽产品的药物残留量和胴体品质符合国际市场的要求。

**四、应加强社会化服务体系，加快科技成果的转化**

随着高产、优质、高效珍禽业的不断发展及专业化程度的提高，其必然对社会化服务体系的依赖越来越大，要求也越来越高。如果社会化服务体系跟不上，就会阻碍珍禽业的发展速度。因此，必须强化社会化服务体系，围绕高产、优质、高效建立以技术、资金、物质及信息为内容的完善的生产服务体系，形成多层次、多渠道的服务网络。

**五、加强宏观调控，建立健全珍禽养殖业的管理组织**

总结我国珍禽业十几年来的经验和教训，必须稳定国家和地方各级政府对其行之有效的优惠政策和配套措施，并更多地运用经济、法制手段进行宏观调控。要建立健全行政管理机构，加大管理机构的执法力度，应按照国家资源有效保护和合理开发利用的有关条例依法经营珍禽养殖业，对不具备科技力量的单位或个人，应禁止其对珍贵、稀有禽类的驯养繁殖，制止"炒种""倒种"和过度投机的经营方式，畜牧兽医行政部门对珍禽场要进行严格的管理，以确保推广种禽的质量，并要全面进行贯彻珍禽生产、兽医防疫、肉品卫生检疫、兽药及饲料添加剂检验等各项法规，保护生产者和消费者的利益，保护资源和环境，最终以保证珍禽业的持续、快速、健康发展。

# 第二章　饲料与营养

## 第一节　珍禽的常用饲料

### 一、能量饲料

能量饲料的主要成分是碳水化合物及脂肪，具有较高的热能，其营养作用主要是供给珍禽能量。

珍禽主要以谷实类为能量饲料。

1. 玉米　含能量较高，纤维少，适口性强，而且产量高，价格便宜，为珍禽的优质饲料，其用量可占日粮的 35%～70%。但玉米中蛋氨酸、赖氨酸和色氨酸含量较低，故以玉米为主体的珍禽饲料，应注意添加这些必需氨基酸。

2. 高粱　去壳高粱与玉米一样，主要成分为淀粉，粗纤维少，可消化养分高。粗蛋白质含量与其他谷物相似，但质量较差，高粱中有单宁，有苦味，珍禽不喜食，单宁主要存于壳部，色深者含量高，所以在珍禽配合饲料中，深色高粱只能加至10%，浅色高粱可加至 20%，若能除去单宁，则可加至 60%。

3. 大麦　含粗蛋白质约 12%，比燕麦略高，可消化养分也比燕麦高一些。大麦粗蛋白质的饲用价值比玉米稍佳，氨基酸组成和玉米差不多。珍禽日粮中以 25% 以下为宜。

4. 燕麦　是一种很有价值的饲料作物，其子实中粗蛋白质含量在 10% 左右，粗脂肪含量超过 45%。一般饲用的燕麦主要成分为淀粉；因麸皮（壳）多，所以其粗纤维含量在 10% 以上，可消化总养分比其他麦类低；蛋白质品质优于玉米；燕麦就适于喂产蛋期珍禽，其配合量可达 30% 左右。对于幼雏，喂量限制在 15%

以下，不然会引起消化障碍。

5. 小麦 具有较高的饲用价值，在蛋白质、矿物质、维生素方面，都比玉米含量高，但与玉米相比，能量、维生素 A 和胡萝卜素少。小麦的氨基酸组成比其他谷物完善，B 族维生素也较丰富，但因其价格较贵，一般可占珍禽日粮的 10%～30%。

6. 谷子、稻米、草子 均为珍禽的良好饲料。谷子以黄色的含胡萝卜素较多，去皮后的小米和碎大米均易消化，其米粒大小又便于珍禽雏啄食，是民间育雏的最好饲料。谷子、稻米和草子喂成禽或后备禽可占饲粮的 10%～20%。小米、碎大米可占饲粮的 20%～40%。

7. 糠麸类 包括大麦麸、小麦麸等，是来源较广、数量较多和价格低廉的一种精饲料。麦麸中蛋白质、锰和 B 族维生素含量较多，且适口性较好，质地蓬松，具有轻泻性质。大麦麸在能量、蛋白质、粗纤维含量上皆优于小麦麸。与其他谷物相比，麦麸因能量低、纤维含量高，容积大，喂珍禽（鸵鸟和野鸭除外）时不宜用量过多。雏禽和种禽可占饲粮的 5%～15%；育成禽可占 10%～20%。

8. 稻糠 水稻的加工副产品，称为稻糠。稻糠又分为砻糠和米糠。砻糠是粉碎的稻壳；米糠是去壳稻粒的加工副产品。米糠的品质和成分，因稻米精制程度而不同，精制的程度愈高，米糠的饲用价值愈高，新鲜的米糠适口性好，各种珍禽喜食，但因粗纤维含量过高，喂量不宜过多。成年禽大约占日粮的 12% 以下；雏禽以 8% 以下较好（鸵鸟和野鸭例外）。砻糠只适合于喂鸵鸟和野鸭等盲肠发达的禽类。各种稻糠的成分见表 2—1。

鲜米糠含油脂较多，天热时容易变质，常经榨油（出油率 10% 左右）制成米糠饼后，再作饲料。

9. 其他糠麸 主要包括高粱糠、玉米糠、小米糠，其中小米糠的饲用价值最高。这三种糠的质量较差，适用喂鸵鸟和野鸭，喂其他珍禽时用量比小麦麸要少些。高粱中含较多的单宁，也容易发酵，更应注意用量。

表 2—1　各种稻糠成分比较（％）

| 类别 | 按干物质计 | | | | |
|------|------|------|------|------|------|
| | 粗蛋白质 | 粗脂肪 | 粗纤维 | 灰分 | 无氮浸出物 |
| 细米糠 | 15.40 | 11.20 | 9.80 | 9.06 | 47.26 |
| 三七糠 | 7.05 | 6.78 | 35.59 | 18.12 | 32.46 |
| 三八糠 | 5.73 | 4.91 | 39.14 | 19.09 | 31.13 |
| 三九糠 | 4.41 | 3.03 | 42.68 | 20.06 | 29.82 |
| 瘩糠 | 3.09 | 1.15 | 46.23 | 21.03 | 28.50 |

10. **块根、块茎和瓜类**　马铃薯、甜菜、南瓜、甘薯等含碳水化合物多，适口性强，产量高，易贮藏，是珍禽的优良饲料，喂饲时应注意矿物质平衡，马铃薯、甘薯煮熟后饲喂则消化率高。发酵的马铃薯有毒，宜去芽后再喂，清洗和煮沸马铃薯的水要倒掉，以免中毒。木薯、芋头的淀粉含量高，多习惯于蒸煮后拌入其他饲料中喂给，也可制成干粉或打浆后与糠麸混拌晒干贮存。木薯须去皮水浸去毒后喂饲。

11. **糟渣类**　酒糟、糖浆、甜菜渣也可做珍禽的饲料。酒糟和甜菜渣因纤维含量高，不可多用，主要喂鸵鸟和野鸭。糖浆含糖量丰富，并含大约70％的可消化蛋白质，育肥商品禽可日喂15克左右，喂时用水稀释，但应注意品质新鲜。幼禽和种用禽可少喂。

**二、蛋白饲料**

蛋白质饲料的营养作用是供给机体蛋白质，一般是指含粗蛋白质18％以上的饲料，可分为植物性蛋白质饲料，动物性蛋白质饲料和微生物蛋白质饲料。

1. **植物性蛋白质饲料**

（1）**豆饼和豆粕**　是我国最常用的一种主要的植物性蛋白质饲料，其营养价值极高，含蛋白质42％以上，含赖氨酸2.5％～

3％、色氨酸 0.6％～0.7％、蛋氨酸 0.5％～0.7％、胱氨酸 0.5％～0.8％、含胡萝卜素少，仅为 0.2～0.4 毫克/千克，硫胺素和核黄素亦少，仅为 3～6 毫克/千克，烟酸及泛酸稍多（15～30 毫克/千克），胆碱含量最为丰富（2200～2800 毫克/千克）。

（2）花生饼　去壳的花生饼饲用价值仅次于豆饼，蛋白质（38％～42％）和能量都比较高，含赖氨酸 1.5％～2.1％、色氨酸 0.45％～0.51％、蛋氨酸 0.4％～0.7％、胱氨酸 0.35％～0.65％。含胡萝卜素和维生素 D 较少，硫胺素和核黄素在 5～7 毫克/千克，烟酸 170 毫克/千克，泛酸 50 毫克/千克，胆碱 1500～2000毫克/千克。花生饼本身虽无毒素，但易感染黄曲霉毒素，易导致禽类中毒，因此，贮藏时切忌发霉。

（3）棉子饼　是榨棉子油后的副产品，一般含 32％～37％的粗蛋白质。棉子饼的营养价值因棉花的品种和榨油工艺不同而有所区别。一般来说，棉子饼中蛋白质含水量越高，其有效赖氨酸含量则越多；含壳越少，含残油越低，其游离棉酚含量也就越少，棉子饼的品质也越高。棉子饼在喂前须脱毒，即粉碎后加硫酸亚铁 0.5％，使游离棉酚与铁结合去毒。

（4）菜子饼　含蛋白质 30％～35％，赖氨酸含量为 1.0％～1.8％、色氨酸为 0.5％～0.8％、蛋氨酸 0.4％～0.8％、胱氨酸为 0.3％～0.7％。但菜子饼中含毒素较多，主要是芥子苷或称含硫苷（含量一般在 6％以上）。菜子饼在喂前须加热脱毒处理。

（5）向日葵饼　向日葵饼去壳和带壳时的粗蛋白质含量分别为 46％和 29％左右。带壳向日葵饼所含粗纤维在 20％以上，只适于喂鸵鸟；去壳向日葵饼可以代替豆饼喂珍禽，但因粗纤维较多，喂量不宜过多。

（6）胡麻饼　在我国东北和西北栽培较多。胡麻种子榨油的副产品即胡麻饼，是胡麻产品的一种主要的蛋白质饲料。胡麻饼的蛋白质含量在 36％以上，赖氨酸 1.10％、色氨酸 0.47％、蛋氨酸 0.47％、胱氨酸 0.56％。胡麻饼加工过程中，不要加热过高，否则，不耐热的维生素会受到破坏，赖氨酸、精氨酸、色氨酸以及特别不耐热的胱氨酸也会受到破坏。

（7）大豆粉　蛋白质含量和蛋白质营养价值都较高，含赖氨酸多，又富含较多脂肪，是珍禽商品育肥期很好的饲料，但配料时须加热处理和粉碎后才能利用。

2. 动物性蛋白质饲料

（1）鱼粉　蛋白质含量高（55%～62%），氨基酸组成完善，尤以蛋氨酸、赖氨酸丰富，含有大量的 B 族维生素和钙、磷等矿物质，对珍禽的生长和种禽的产蛋都有良好的效果。因而成为珍禽养殖业中最理想的动物性蛋白质饲料。但是鱼粉价格昂贵，其用量可占 3%～12%，鱼粉应注意贮藏在通风和干燥的地方，否则容易生虫或腐败而引起珍禽中毒。另外，应测定鱼粉中的含盐量，以确定饲粮中食盐添加量，否则会引起食盐中毒。

（2）肉粉　屠宰场、罐头加工厂及其他商品加工厂生产的碎肉，经过切碎、充分煮沸、压榨，尽可能分离脂肪，所剩残余物干燥后制成。肉粉的营养价值相当高，仅次于鱼粉和饲用乳制品，粗蛋白质含量为 50%～60%。但用肉粉喂珍禽时，应补充核黄素、泛酸、烟酸以及钴胺素。

（3）肉骨粉　是由不适于人们食用的禽畜躯体、骨头、胚胎、内脏以及其他废弃物制成，也可用非传染疾病死亡的动物胴体制作。死因不明的动物躯体经高温高压处理，也可用于制作肉骨粉。肉骨粉一般含粗蛋白质 50% 左右，含骨大于 10%，是珍禽补充蛋白质和钙、磷等矿物质的良好饲料。

（4）血粉　是屠宰牲畜时所得血液经干燥制成的。血粉含蛋白质 80% 以上，且赖氨酸含量高，但异亮氨酸不足，因此，在配合珍禽饲粮时必须选用能补充异亮氨酸的原料。血粉适口性不佳，其蛋白质消化率稍低，故在珍禽饲粮中添加量不宜超过 5%。

（5）羽毛粉　水解羽毛粉含有 80% 以上的蛋白质，除赖氨酸、组氨酸含量低以外，其他氨基酸含量特别高，胱氨酸含量可高达 4.0%、精氨酸高达 5.4%。胱氨酸含量高，可调节蛋氨酸的用量，对珍禽羽毛的生长发育和防止啄肛、啄羽等有重要作用。在珍禽日粮中羽毛粉一般占 3% 以下。

（6）蚕蛹和蚕蛹粉　蚕蛹是缫丝副产品，新鲜的水分多，脂肪含量高（20%～30%）。若不除去蚕蛹中的不饱和脂肪酸，不仅不易贮存，而且会影响珍禽产品质量。制成干燥的蚕蛹粉更耐贮存利用，且富含蛋白质、氨基酸及钙、钾，亦富含 B 族维生素。在珍禽日粮中可占 5% 左右。

3. 微生物蛋白质饲料　包括酵母、细菌、真菌、微型藻类以及某些原生动物。目前被利用的微生物饲料还不多，但是发展潜力很大，值得重视。微生物具有两个特点：一是生长繁殖快；二是蛋白质含量和生物学价值高。在适当条件下，细菌 0.5～1.0 小时可以繁殖一代；酵母菌每 2～4 小时可以繁殖一代；单细胞藻类每 3～6 小时可以繁殖一代。

4. 饲料酵母　酵母广泛用于珍禽饲养，特别是充作蛋白质和维生素的添加成分。酵母细胞富含珍禽生长和发育必需的一切营养物质，如蛋白质、碳水化合物、脂肪、矿物质和维生素（主要是 B 族维生素）。酵母中的蛋白质生物学价值很高，介于动物蛋白质和植物蛋白质之间。酵母蛋白质的唯一缺点是含硫氨基酸（蛋氨酸＋胱氨酸）的含量较低。其优点是富含赖氨酸。在以禾本科谷物，特别是玉米为主的日粮中添加适量酵母，对增重和饲料报酬均有效益。酵母的氨基酸组成决定于种属、培养基和酵母细胞的增殖方式，其变化幅度不超过 20%。

5. 白地霉　用酒糟滤液生产的白地霉，其营养是很丰富的，蛋白质含量仅次于优质鱼粉，而远比大豆为优。在赖氨酸含量方面还优于鱼粉，但不足的是蛋氨酸含量较低。白地霉的营养成分见表 2—2。

表 2—2　白地霉的营养成分

| 成分 | 含量（%） | 成分 | 含量（毫克/千克） |
|------|----------|------|------------------|
| 水分 | 4.58 | 磷 | 175 |
| 粗脂肪 | 3.29 | 铁 | 75 |
| 总糖 | 9 | 硫胺素 | 0.936 |
| 粗蛋白质 | 52.5 | 核黄素 | 0.488 |

6. 矿物质饲料　是补充珍禽矿物质需要的饲料，动物机体需要的矿物质种类虽多，但在一般饲养条件下，需要大量补充矿物质的饲料却不多，一般都是常量矿物质。

（1）食盐（氯化钠）　植物性饲料一般含氯和钠较少，含钾丰富。为了保持机体内的酸碱平衡，对以植物性饲料为主的珍禽，应补食盐。另外，食盐还可提高适口性，增强食欲，具有调味作用。但必须注意的是：饲喂过量会引起食盐中毒。各种珍禽在日粮中的食盐含量以 0.5% 以下为宜。

（2）钙补充料　含有大量钙的饲料称钙补充料。其主要成分是磷酸钙。目前在珍禽中常用的钙补充饲料是骨粉、石粉和贝壳粉。

（3）骨粉　既是钙补充饲料，也是磷的来源之一。骨粉中的含钙量一般为 22%～34%，含磷量为 10%～16%。

（4）石粉　主要指石灰石粉，是天然的碳酸钙，一般含纯钙 35% 以上，是补充钙的最便宜、最方便的矿物质饲料。石灰石只要铅、汞、砷、氟的含量不超过安全范围，都可用于珍禽的饲料。

（5）贝壳粉　包括蚌壳、牡蛎壳、蛤蜊壳、螺蛳壳等。鲜贝壳含一定的有机质，但海滨堆积多年的贝壳，其内部有机质已散失。鲜贝壳须加热，粉碎，以免传播疾病。贝壳一般含钙 30% 以上，是良好的钙源。

（6）磷补充料　多属磷酸盐类，其所含矿物质元素比钙补充饲料复杂，见表 2—3。例如，补碳酸钙，一般不需变动其他矿物质元素的供给量，而磷补充饲料不同，往往引起两种以上矿物质元素含量的变化，如磷酸钙含磷又含钙。这样一来，配制珍禽饲料中只能先按营养需要补充磷，再调整多余的钠和钙。过磷酸钙中磷的含量超过钙，能起到补充磷的作用。磷补充饲料一定要注意氟的含量不能超过安全范围。

表 2—3　几种含磷饲料的营养成分

| 含磷饲料 | 磷（%） | 钙（%） | 钠（%） |
|---|---|---|---|
| 磷酸氢二钠 $Na_2HPO_4$ | 21.81 | — | 32.38 |
| 磷酸二氢钠 $NaH_2PO_4$ | 25.80 | — | 19.15 |
| 磷酸氢钙 $CaHPO_4$ | 18.97 | 24.32 | |
| 过磷酸钙 $Ca(H_2PO_4)_2 \cdot H_2O$ | 26.45 | 17.12 | — |

7. 维生素饲料　农家小规模养殖珍禽，可有效地利用青饲料以补充珍禽的营养需要。青饲料和干草粉是主要的维生素来源。青饲料中胡萝卜素和某些 B 族维生素丰富，并含有一些微量元素，对于珍禽的生长、繁殖以及维持禽体健康均有良好作用。喂青饲料应注意它的质量，以幼嫩时期或绿叶部分含维生素较多。习惯用量占精料的 20%～30%，但野鸭和鸵鸟可占 50%，最好有几种青饲料混合喂饲。

（1）青菜　白菜、通心菜、牛皮菜、甘蓝、菠菜及其他各种青菜、菜叶、无毒的野菜等均为良好的维生素饲料。

（2）胡萝卜　在国内外已成为重要的根茎和优良的多汁饲料。胡萝卜产量高，易栽培，耐贮藏，为最适于珍禽秋冬时期饲喂的维生素饲料。胡萝卜营养价值很高，大部分营养物质是无氮浸出物，并含有蔗糖和果糖，有甜味，蛋白质含量也较其他块根为多。胡萝卜素极其丰富，为一般牧草所不及。通常，颜色愈深，胡萝卜素或铁盐含量愈高，红色的比黄色的高，黄色的又比白色的高，胡萝卜宜切碎后饲喂，用量占精料的20％～30％。

（3）水草 生长在池塘或浅水中的藻类是养野鸭的最好青饲料。水草含有丰富的胡萝卜素，有时还带有螺蛳、小鱼等动物。用水藻喂野鸭后，野鸭的脚橙黄，蛋黄颜色鲜浓，鸭体强健，产蛋率、孵化率高。柳叶藻、金鱼藻等，喂量可占精饲料的50％～100％。水葫芦产量高，稍粗，适于喂育成野鸭和种野鸭，以去根、打浆后喂饲较好。水花生、水浮莲也可喂野鸭。

（4）干草类 含有大量的维生素和矿物质，对珍禽的产蛋和种蛋的孵化品质均有良好的影响。苜蓿干草含有大量的维生素A、B、E等，并含蛋白质14％左右。树叶粉和槐叶粉等经实际喂饲，证明效果很好。其他豆科干草与苜蓿干草的营养价值大致相同，干草粉用量可占饲粮的2％～7％。

（5）青贮料 可用于秋季大量贮制，保存时间长，营养物质不易损失，可作冬季的维生素饲料，如青贮胡萝卜叶、甘蓝叶、苜蓿草、禾本科青草等。青贮饲料的适口性稍差，喂量占精料的10％～15％，但鸵鸟和野鸭可大量饲喂。

8. 饲料添加剂 是基础日粮的添加成分，为了平衡基础饲料所含养分和提高基础饲料的饲喂效果。饲料添加剂包括营养添加剂、保健助长剂、饲料保藏添加剂和食欲增进及品质改良添加剂4大类。

（1）营养添加剂 营养添加剂的用途是平衡日粮的营养。添加的品种和数量取决于基础日粮的状况和珍禽的营养状况（缺什么补什么，缺多少补多少）。

（2）氨基酸添加剂 目前人工合成的氨基酸主要是蛋氨酸和赖氨酸。以玉米、大豆饼为主要原料的饲粮添加蛋氨酸，可以节省动物性饲料的用量；大豆饼不足的饲料添加蛋氨酸和赖氨酸，可大大强化饲料的蛋白质营养价值。

（3）矿物质添加剂 目前常用的矿物质主要包括铁、铜、锰、锌、碘、钴、硒等微量元素，这些矿物质添加剂的来源见表

2—4。为了便于用户的需要，现在市场上也有复合矿物质添加剂。矿物质添加剂可用石粉作扩散剂。

表 2—4　常用矿物质添加剂的来源

| 铁 | 铜 | 锰 | 锌 | 碘 | 钴 | 硒 |
|---|---|---|---|---|---|---|
| 还原铁 | 碳酸铜 | 氧化锰 | 醋酸锌 | 碘酸钙 | 醋酸钴 | 亚硒酸钠 |
| 碳酸铁 | 氧化铜 | 硫酸锰 | 碳酸锌 | 碘酸钾 | 硫酸钴 | |
| 氧化铁 | 葡萄糖酸铜 | 醋酸锰 | 氧化锌 | 碘化钾 | 氯化钴 | |
| 葡萄糖酸铁 | 氢氧化铜 | 碳酸锰 | 氯化锌 | 碘酸钠 | 氧化钴 | |
| 磷酸铁 | 一氧化铜 | 氧化锰 | 硫酸锌 | 碘化钠 | 硫化钴 | |
| 硫酸铁 | 硫酸铜 | 葡萄糖酸锰 | | | | |
| | 焦磷酸铜 | 磷酸锰 | | | | |

　　（4）维生素添加剂　国内外已作为商品生产的维生素添加剂有维生素 A、维生素 D、维生素 E、维生素 K、硫胺素、核黄素、吡哆醇、泛酸、叶酸、钴胺素、烟酸、胆碱和生物素。上述维生素既有单品，也有复合的，而在复合维生素中，既有肉用型的，又有蛋用型的。维生素添加剂用量甚微，必须用扩散剂预先混合才能放入配合饲料中去，否则混合不佳或发生中毒。预先混合维生素添加剂是用玉米作扩散剂，玉米不要磨得太粗或太细，过粗则微量成分混合不均，过细又易起尘或硬结。需要指出的是维生素和矿物质不应混合在一起，否则某些维生素易被矿物质破坏。

　　（5）保健助长添加剂　属于非营养性添加剂，其主要作用是刺激畜、禽生长和对饲料的利用能力，防治疾病，保障健康生长。保健助长剂中包括抗生素、各种药物、酶制剂和其他促进生长的物质。

　　（6）抗生素　饲用抗生素从使用范围上看分为两类，一类是人畜共用抗生素，例如青霉素、金霉素、链霉素、卡那霉素；另一类是畜禽专用的抗生素，例如，杆菌肽、维吉尼亚霉素、泰乐霉素等。抗生素和其他药物一样，若长期使用会产生抗药性。添加剂中使用抗生素，人食用有抗生素残留的肉食品后也会受影响，对抗生素产生耐药性，这样，抗生素作为人的医疗就会丧失原有的治疗作用。因此，近年来愈来愈多的人反对在饲料中添加人、畜共用的抗生素。

（7）酶制剂　珍禽饲料常用的酶制剂有淀粉酶、蛋白酶和纤维素酶。

（8）抗球虫剂　在珍禽饲粮中常根据季节和饲养环境加入抗球虫剂。但要求在出售前三周必须停止用药。

9. 饲料保藏添加剂

（1）抗氧化剂　饲料常用的抗氧化剂有丁羟甲苯（BHT）、丁羟甲氧基苯（BHA）、维生素 E 和枸橼酸等。

（2）防霉剂　饲料中常加入的防霉剂有丙酸钙和丙酸钠。

食欲增进及品质改良添加剂：谷氨酸钠作为食欲增进剂，在国外已广泛使用。而叶黄素和胡萝卜素等着色剂用于鸡和珍禽饲料中，使蛋和肉的色泽比天然色泽好看。

# 第二节　珍禽的营养需要

## 一、能量需要

珍禽的一切生理过程，包括运动、呼吸、循环、吸收、排泄、繁殖、体温调节等均需要能量。饲料中的碳水化合物及脂肪是能量的主要来源，体内多余的蛋白质也分解产生热能。碳水化合物包括淀粉、糖类和纤维，在饲料成分中，淀粉作为珍禽热能来源价格最便宜，而珍禽的体温高，生长快，繁殖力高，物质代谢又非常旺盛，需要能量较多。因此，必须喂给含淀粉多的饲料。除鸵鸟以外的珍禽对纤维的消化能力均低，要求饲粮中纤维不可过多，但纤维过少时肠蠕动不充分，易发生食羽、啄肛等不良现象，一般饲粮的纤维含量应在 $2.5\%\sim5.0\%$。

禽体和蛋均含有脂肪。珍禽饲粮中淀粉含量较高，淀粉可转化为脂肪，而且大部分脂肪酸在体内均能合成，一般不存在脂肪缺乏的问题。但亚油酸、亚麻酸和花生四烯酸三种脂肪酸在禽体内不能合成或合成的速度慢，必须从饲料中提供，称为必需氨基酸。必需氨基酸缺乏时，雏禽生长不良，成禽产蛋少，而且孵化率低。以玉米为主的谷物类饲粮通常含有足够的必需脂肪酸，而以高粱、麦类为主的谷物类饲粮则可能出现缺乏现象。

珍禽对日粮的摄入量依赖于日粮的代谢能水平、年龄、繁殖状况和环境温度。如用高能饲粮，珍禽的采食量少，饲粮的蛋白质等营养素水平都要提高，否则蛋白质营养素不足，体内沉积脂肪显著增加。如用低能饲粮则蛋白质营养素等可适当减少，以保持能量和蛋白质及其他营养素的正常比例。

珍禽的能量需要可分为维持需要和生产需要，而生产需要又包括生长需要和产蛋需要。维持的能量需要包括基础代谢和正常活动所需要的能量。只有维持所需的能量满足后，珍禽才能利用多余的能量生长或产蛋。

**二、蛋白质和氨基酸的需要**

蛋白质是禽体细胞和禽蛋的主要成分。不能由其他物质代替，为了维持珍禽的生命，保证雏禽的正常生长，成禽大量产蛋，必须由饲料中提供足够的蛋白质和必需的氨基酸。

1. 必需氨基酸　饲料蛋白质的营养价值主要取决于氨基酸的组成和数量。而氨基酸又分为必需氨酸和非必需氨基酸。必需氨基酸是指禽体不能合成的，或者合成的速度慢而满足不了需求的，必须从饲粮中获得的氨基酸。非必需氨基酸是指珍禽体内能合成的，并能满足机体生理和生产需求的氨基酸。珍禽的必需氨基酸有蛋氨酸、赖氨酸、组氨酸、色氨酸、苏氨酸、精氨酸、异亮氨酸、亮氨酸、苯丙氨酸、缬氨酸、胱氨酸、酪氨酸和甘氨酸共 13 种。

2. 氨基酸平衡　必需氨基酸中任何一种氨基酸的缺乏都会影

响禽体内蛋白质的合成，饲养珍禽时必须注意氨基酸的平衡。尤其是赖氨酸、蛋氨酸、色氨酸和胱氨酸，在一般谷物中含量较少，珍禽利用其他各种氨基酸合成蛋白质时，均受它们的限制，称为限制性氨基酸。蛋白质水平低的饲粮添加一些限制性氨基酸，可充分利用其他氨基酸，提高珍禽的生长速度和产蛋量。实践上配制珍禽饲粮时用植物性和动物性蛋白质饲料可使氨基酸达到平衡。因此，饲喂珍禽时，饲粮种类要多一些，补充一部分动物蛋白饲料或添加人工合成的蛋氨酸和赖氨酸，以保证氨基酸的平衡。

另一方面，氨基酸供应过多时，多余的氨基酸转化为脂肪，使珍禽体过肥，食欲减退。

某些氨基酸之间有拮抗作用，如缬氨酸—亮氨酸—异亮氨酸，精氨酸—赖氨酸。增加某一组的一个或两个氨基酸量也须要提高同一组内其他氨基酸的需要量。

3. 饲粮的蛋白质和氨基酸水平　珍禽为群饲，实际饲养时必须按群体配制饲料，蛋白质含量和必需氨基酸含量则以百分比表示。能量水平确定后再按体重、生长速度、产蛋率和环境温度等配制不同蛋白质水平和氨基酸水平的饲粮，这样喂饲时适当调节采食量，即可满足珍禽对蛋白质的需要。

### 三、矿物质需要

矿物质有调节渗透压、保持酸碱平衡等作用；矿物质又是骨骼、蛋壳、血红蛋白、甲状腺激素的重要成分，因而成为珍禽正常生活、生产所不可缺少的重要物质。

1. 钙　是骨骼的主要成分。珍禽缺钙的症状包括骨质疏松症或低钙佝偻病，蛋壳薄和产蛋率低，生长阻滞，降低饲料采食量，基础代谢率高，减少活动和敏感性，异常姿态和步法，搐搦痉挛，易发生内出血等。鱼粉、肉骨粉、骨粉、磷酸钙、石粉和牡蛎壳都是补充钙的主要饲料。生长珍禽达到最佳的体生长和骨钙化所要求的饲粮钙水平为 0.6% ～1.2%（有效磷水平约为

0.5%)。产蛋珍禽要求饲粮的钙水平一般为2.5%～3.5%，产蛋量高时要求钙水平也高；环境温度高时，珍禽采食量降低，这时要求钙水平也高。

钙过量有碍雏禽生长，影响镁、锰、锌的吸收。蛋壳上有白垩状沉积，两端粗糙，可能是母禽喂钙过多的结果。

2. 磷　也是骨骼的主要成分，体组织和脏器含磷也较多。珍禽缺磷时，食欲减退，生长缓慢，严重时关节硬化，骨骼易碎。谷物和糠麸中含磷较多，但禽类对植酸磷的利用能力低，其利用率雏禽大致为30%，成禽为50%，如饲粮缺少鱼粉和肉骨粉等动物性饲料时尤应注意补充。对于生长禽最适宜的钙与可利用磷之比在1.5：1～2.0：1范围内；对于产蛋珍禽近期一些研究结果表明，0.3%～0.35%可利用磷水平对产蛋量和蛋壳强度均产生最佳结果。

3. 钠　广泛分布于珍禽体液中，在调节体液体积和酸碱平衡方面起着重要作用。缺钠的病症表现为珍禽生长不良或生长停滞，产蛋减少，并导致啄癖症。珍禽的幼雏期饲粮对钠的最低需要量为0.13%，生长禽和产蛋禽对钠的最低需要量为0.1%。在实际的珍禽饲喂中，幼雏期为0.15%，生长期和产蛋期为0.12%。

4. 钾　主要分布于细胞内，维持细胞内酸碱关系和适当的渗透压平衡。钾也可激活细胞内的一些酶，而且为正常心脏活动所必需，此外它起着与钙相反的作用，降低心肌收缩和促进松弛。低钾血症的主要症状是全身肌肉衰弱，四肢无力。珍禽饲粮中钾的需要量一般为0.4%。

5. 氯　在细胞内外均有，为肌胃分泌盐酸的组成成分。珍禽缺氯的症状表现为生长慢、死亡率高、血浓缩、脱水、血液中氯化物水平降低。此外，有研究表明，雉鸡和鹌鹑在正常生长速度时，每千克日粮需要480～1100毫克的氯离子。

6. 镁　其功能是激活多种酶，生长珍禽缺镁表现为生长缓慢、昏睡、心跳、气喘，当受到惊扰时出现短时的痉挛；产蛋珍禽缺镁导致产蛋迅速降低，低血镁。珍禽生长阶段和产蛋期间对镁的需要量为 500 毫克/千克。

7. 锰　对于骨的有机质的发育是必需的，产蛋禽和种禽缺锰降低产蛋率、孵化率显著降低，薄壳或无壳蛋的发生率增加。研究表明生长雏鸡对锰的需要量为 70~95 毫克/千克饲粮。

8. 锌　骨骼肌含体内总锌量的 50%~60%，骨骼占 30% 左右，体内近 300 种酶的活性与锌有关。雏禽缺锌的症状包括：生长受阻，腿骨短粗，跗关节肿大，皮炎尤其是脚上出现鳞片，野鸭的脚蹼干裂，羽毛发育不良，羽枝脱落，饲粮利用率低，食欲减退，有时表现啄羽、啄肛癖，免疫力下降；缺锌严重时死亡。鸡对锌的最低需要量为 40 毫克/千克饲粮，生长雏鸡对锌的需要量为 62 毫克/千克饲粮。

9. 铁　机体中的铁有 60%~70% 在血红素中，珍禽缺铁和其他所有动物一样，发生低色素血红细胞贫血。珍禽对铁的需要量一般在 50~80 毫克/千克饲粮，而常规基础日粮中平均含铁为 60~80 毫克/千克。铁盐在珍禽日粮中的另一作用是去除棉子饼中棉酚毒。

10. 铜　在机体内主要存在于肝脏和肌肉中。缺铜的共同症状是贫血，也引起骨骼易断，骺软骨变厚，主动脉破裂，珍禽对铜的最低需要不超过 3~5 毫克/千克饲粮。

11. 钼　是黄嘌呤氧化或脱氢酶的组成成分，也是亚硫酸氧化酶的活性中心成分，钼缺乏的主要症状是抑制生长，红细胞溶血较严重，死亡率高。生产中每千克饲粮中达到 5 毫克较为合适。

12. 硒　是谷胱甘肽过氧化物酶的组成成分，与维生素之间存在协同作用。硒缺乏症表现精神沉郁、食欲减退、渗出性素质病、肌肉营养不良或白肌病，胰腺变性、纤维化、坏死。也可导致产蛋量下降，受精率低，孵化过程中早期胚胎死亡率较高。各种动物对硒的最低需要量很近，即饲粮中含硒 0.10 毫克/千克。生长速度快的肉禽饲粮中含硒量以 0.30 毫克/千克为宜。

13. 碘　唯一的功能是甲状腺合成甲状腺素所必需的原料，缺碘导致甲状腺合成不足，产蛋量、孵化率降低，脂肪沉积加强，繁殖力下降。一般认为雉鸡对碘的需要量为 0.3 毫克/千克。

14. 钴　其作用实际上是维生素 $B_{12}$ 的作用，钴的缺乏症表现为生长迟缓、饲料利用率降低，死亡率提高，种蛋孵化率降低，在孵化的后期发生死亡，腿萎缩，头及腹部异常。

**四、维生素的需要**

维生素的需要量甚微，但在禽体代谢中起着重要的作用。大多数维生素在体内不能合成，因此，必须从饲料中摄取。已知珍禽必须从饲粮中摄取的维生素有 13 种，其中脂溶性的维生素有 A、维生素 D、维生素 E、维生素 K 四种，水溶性的有硫胺素、核黄素、烟酸、吡哆醇、泛酸、生物素、胆碱、叶酸和维生素 $B_{12}$ 9 种。

1. 维生素 A　是一组生物活性物质的总称，即维生素 A 具有多种形式。维生素 A 在视觉方面的作用是众所周知的，维生素 A 缺乏会导致夜盲症。同时也是维持一切上皮组织健全所必需的物质。当雉鸡日粮中维生素 A 水平为 2500 国际单位/千克时，则氮的消化率为最高。经研究证明，产蛋雉鸡饲喂添加维生素 A 19 000～22 000国际单位/千克的饲粮，可提高产蛋量和种蛋孵化率。

2. 维生素 D　天然的维生素 D 主要为维生素 $D_2$ 和维生素 $D_3$，维生素 D 主要功能是增加对钙、磷的吸收，保证骨骼的正常钙化。珍禽产蛋期缺乏维生素 D 的主要症状是薄壳蛋和软壳蛋数量增多，产蛋量下降，孵化率显著降低。生长禽缺维生素 D 易发生生长停滞，严重时导致佝偻症。每日日晒超出 1 小时对生长禽防止佝偻病是足够的。在无日光照射的情况下，建议珍禽对维生素 D 的需要量为 1000 国际单位/千克饲粮。

3. 维生素 E 作为生物抗氧化剂维护生物膜的完整性，也可增加免疫功能，提高应激能力，同时可促进肝脏及其他器官内泛醌的合成。珍禽缺乏维生素 E 表现为脑软化症、渗出性素质、胚胎早期死亡等症状，珍禽对饲粮中维生素 E 的需要量一般为每千克饲粮中 5～30 毫克。

4. 硫胺素 也叫维生素 $B_1$，硫胺素缺乏的症状是多发性神经炎。幼禽表现为生长不良，体温下降，步态不稳。珍禽对硫胺素的需要一般为每千克饲粮 1～2 毫克。

5. 核黄素 也叫维生素 $B_2$，珍禽核黄素缺乏症主要是趾关节着地，生长受阻、腹泻、产蛋量下降等。珍禽对核黄素的最低需要量一般为每千克饲粮 2～4 毫克。

6. 烟酸 又名维生素 PP。珍禽的烟酸缺乏症表现为生长受阻，口腔症状类似犬的"黑舌病"。研究表明，生长雉鸡饲粮中烟酸的水平应为 70 毫克／千克。

7. 维生素 $B_6$ 是所有氨基酸转氨酶的辅酶；肉毒碱的合成需要维生素 $B_6$，而肉毒碱为脂肪代谢所必需。雏禽维生素 $B_6$ 缺乏症表现为生长缓慢、羽毛蓬乱乃至死亡。成禽缺乏维生素 $B_6$ 表现体重下降，种蛋孵化率下降。珍禽对维生素 $B_6$ 的需要量一般为每千克饲粮 2～5 毫克。

8. 泛酸 在动物体内以辅酶 A 和脂酰基载体蛋白的形式发挥作用。珍禽泛酸缺乏症主要是生长速度下降；饲料利用率降低；脾肿大；喙、眼及肛门边皮肤裂口发炎；眼睑出现颗粒状细小结痂，但对产蛋量无影响，只是种蛋的孵化率降低。珍禽对泛酸的需要量一般为每千克饲粮 10～30 毫克。

9. 生物素 碳水化合物、脂肪和蛋白质代谢中的许多化学反应都需要生物素。珍禽缺乏时，爪底、喙边及眼睑周围裂口变性发炎；溜腱症和胫骨短粗是生物素缺乏的主要症状。珍禽对生物素的需要量一般为每千克饲粮 0.1～0.3 毫克。

10. 叶酸 在动物体内是必不可少的。叶酸缺乏时产生羽被不良、巨红细胞性贫血与白细胞减少，产蛋正常，但孵化率下降。珍禽对叶酸的需要量一般为每千克饲粮 0.1～1 毫克。

11. 维生素 $B_{12}$　也称为钴胺素、氰钴胺素，参与蛋白质和核酸的生物合成。当维生素 $B_{12}$ 缺乏时，动物会出现小细胞性贫血。动物性蛋白质饲料中含有丰富的维生素 $B_{12}$，而植物性饲料中却没有。珍禽对维生素 $B_{12}$ 需要量为每千克饲粮 3～10 微克。

12. 胆碱　是软骨组织中磷脂的构成成分，其重要作用是以乙酰胆碱的形式参与体内的正常神经活动，胆碱缺乏时，临床表现为生长受阻；肝脏和肾脏出现脂肪浸润。珍禽对胆碱的需要量为每千克饲粮 500～2000 毫克。

### 五、水的需要

1. 水的作用　水是一种溶剂，体内各种营养物质的吸收、转运和代谢废物的排泄都必须溶于水后才能进行。水还是化学反应介质。水比热大，导热性能好，在参与体温调节同时，可减少动物机体内关节和各器官间的摩擦力。饮水还是不可忽视的矿物质来源。

2. 饮水量　影响珍禽饮水量的因素较多，如禽种、生产性能、气温等。幼禽比成禽每单位体重的需水量高一倍以上，生产性能提高，其需水量增加。

珍禽的胃与哺乳动物的胃不同，其持水能力有限，为使其具有良好的生产性能，必须持续不断地供给新鲜的饮水。

3. 水质　理想的饮水应该是可溶解盐分不超过 150 毫克/升，其中应注意检测钙、镁、铁、硫的含量不超标。饮水的 pH 值以 5～7 为宜。饮水必须清洁，防止有毒物质，病原微生物，寄生虫（卵），有机物腐败产物等。

# 第三节 珍禽的饲养标准与饲料的配合

## 一、各种珍禽的饲养标准

为了合理地饲养珍禽，既要满足营养需要，充分发挥它们的生产能力，又不浪费饲料，就必须对各种营养物质的需要规定一个大致的标准，以便实际饲养时有所遵循。

下面推荐几种珍禽的饲养标准，见表2－5、表2－6、表2－7、表2－8。

表2－5　雉鸡各饲养阶段的推荐饲养标准

| 营养成分 | 育雏期<br>（0～4周） | 育成前期<br>（4～12周） | 育成后期<br>（12周～<br>出售） | 种雉休产期<br>或后备种雉 | 种雉产蛋期 |
|---|---|---|---|---|---|
| 代谢能<br>（兆焦/千克） | 12.13～<br>12.55 | 12.55 | 12.55 | 12.13～<br>12.55 | 12～13 |
| 粗蛋白质（％） | 26～27 | 22 | 16 | 17 | 22 |
| 赖氨酸（％） | 1.45 | 1.05 | 0.75 | 0.80 | 0.80 |
| 蛋氨酸（％） | 0.60 | 0.5 | 0.38 | 0.35 | 0.35 |
| 蛋氨酸＋<br>胱氨酸（％） | 1.05 | 0.90 | 0.72 | 0.65 | 0.65 |
| 亚油酸（％） | 1.0 | 1.0 | 1.0 | 1.0 | 1.0 |
| 钙（％） | 1.3 | 1.0 | 1.0 | 1.0 | 2.5 |
| 磷（％） | 0.9 | 0.7 | 0.7 | 0.7 | 1.0 |
| 钠（％） | 0.15 | 0.15 | 0.15 | 0.15 | 0.15 |
| 氯（％） | 0.11 | 0.11 | 0.11 | 0.11 | 0.11 |
| 碘<br>（毫克/千克） | 0.30 | 0.30 | 0.30 | 0.30 | 0.30 |

| 营养成分 | 育雏期<br>（0～4 周） | 育成前期<br>（4～12 周） | 育成后期<br>（12 周～<br>出售） | 种雉休产期<br>或后备种雉 | 种雉产蛋期 |
|---|---|---|---|---|---|
| 锌<br>（毫克/千克） | 62 | 62 | 62 | 62 | 62 |
| 锰<br>（毫克/千克） | 95 | 95 | 95 | 70 | 70 |
| 维生素 A（国<br>际单位/千克） | 15000 | 8000 | 8000 | 8000 | 20000 |
| 维生素 D（国<br>际单位/千克） | 2200 | 2200 | 2200 | 2200 | 4400 |
| 核黄素（毫<br>克/千克） | 3.5 | 3.5 | 3.0 | 4.0 | 4.0 |
| 烟酸<br>（毫克/千克） | 60 | 60 | 60 | 60 | 60 |
| 泛酸<br>（毫克/千克） | 10 | 10 | 10 | 10 | 16 |
| 胆碱<br>（毫克/千克） | 1500 | 1000 | 1000 | 1000 | 1000 |

表 2-6　野鸭的推荐饲养标准（每千克饲料含量）

| 营养物质 | 雏鸭<br>（0～4 周） | 育成鸭<br>（4～12 周） | 育肥期<br>（13 周以上） | 种雉产<br>蛋期 |
|---|---|---|---|---|
| 代谢能（兆焦<br>/千克） | 12.13 | 12.13 | 12.97 | 12～13 |
| 粗蛋白质（%） | 19 | 16 | 13 | 15 |
| 赖氨酸（%） | 1.15 | 0.9 | 0.6 | 0.7 |
| 蛋氨酸＋胱<br>氨酸（%） | 1.0 | 0.80 | 0.4 | 0.55 |

| 营养物质 | 雏鸭<br>（0～4 周） | 育成鸭<br>（4～12 周） | 育肥期<br>（13 周以上） | 种雄产<br>蛋期 |
|---|---|---|---|---|
| 钙（%） | 1.3 | 0.8 | 0.6 | 2.75 |
| 磷（%） | 0.6 | 0.6 | 0.5 | 0.6 |
| 钠（%） | 0.15 | 0.15 | 0.15 | 0.15 |
| 镁（毫克/千克） | 500 | 500 | 500 | 500 |
| 锰（毫克/千克） | 50 | 45 | 45 | 35 |
| 维生素 A（国际<br>单位/千克） | 4000 | 4000 | 4000 | 4000 |
| 维生素 D（国际<br>单位/千克） | 800 | 600 | 400 | 800 |
| 核黄素（毫<br>克/千克） | 4 | 4 | 4 | 4 |
| 烟酸（毫克/千克） | 55 | 55 | 40 | 40 |
| 泛酸（毫克/千克） | 11 | 10 | 10 | 16 |

**表 2—7　火鸡不同周龄的饲养标准**

| 营养成分 | 雏火鸡<br>（0～4 周） | 雏火鸡<br>（4～8 周） | 育成火鸡<br>（9～18 周） | 限制生长料<br>（19～28 周） | 种鸡<br>（29～54 周） |
|---|---|---|---|---|---|
| 代谢能（兆<br>焦/千克） | 11.72 | 11.84 | 12.09 | 12.34 | 11.96 |
| 粗蛋白质（%） | 27.0 | 24.8 | 18.5 | 13.6 | 16.7 |
| 赖氨酸（%） | 1.51 | 1.4 | 0.98 | 0.65 | 0.87 |
| 胱氨酸（%） | 0.42 | 0.4 | 0.34 | 0.26 | 0.28 |
| 蛋氨酸（%） | 0.45 | 0.42 | 0.30 | 0.23 | 0.35 |
| 钙（%） | 1.12 | 1.08 | 1.0 | 0.7 | 2.19 |
| 可利用磷（%） | 0.67 | 0.6 | 0.5 | 0.4 | 0.45 |

表 2-8　鸵鸟饲养标准推荐值

| 时期 | 日龄 | 体重（千克） | 代谢能（兆焦/千克） | 粗蛋白质(%) | 赖氨酸(%) | 蛋氨酸(%) | 蛋氨酸＋胱氨酸(%) | 钙(%) | 磷(%) |
|---|---|---|---|---|---|---|---|---|---|
| 雏鸟期 | 0～2 | 0.8～11 | 11.3 | 21 | 1.10 | 0.45 | 0.80 | 1.5 | 0.75 |
| 小鸵鸟 | 2～4 | 11～36 | 10.9 | 19 | 1.00 | 0.40 | 0.75 | 1.4 | 0.70 |
| 生长期 | 4～6 | 36～65 | 10.5 | 16 | 0.85 | 0.35 | 0.65 | 1.3 | 0.60 |
| 肥育期 | 6～9 | 65～100 | 10.0 | 14 | 0.70 | 0.25 | 0.50 | 1.2 | 0.40 |
| 后备期 | 9～14 | 100～120 | 9.6 | 10 | 0.60 | 0.20 | 0.35 | 1.0 | 0.35 |
| 维持期 |  |  | 8.4 | 9 | 0.50 | 0.18 | 0.30 | 1.0 | 0.35 |
| 产蛋期 |  |  | 10.0 | 18 | 0.90 | 0.40 | 0.70 | 2.5 | 0.40 |

## 二、饲粮的配合方法

配合饲粮对珍禽养殖的生产水平和经济效益影响很大，是一件科学性很强的工作，必须认真对待。

1. 饲粮的配合依据　一是根据各种珍禽的饲养标准，以及饲料营养价值表，另一个是珍禽群的现实状况以及饲料品种和实测营养价值。

2. 配合饲料的方法与步骤　方法包括手工配方法和电脑方法。其中电脑方法有现成出售的软件。这里重点介绍手工配方法。

（1）将营养标准或营养需要量剖分为 3 部分：粗蛋白质需要量，代谢能、粗纤维、钙、磷需要量，其他；

（2）据市场行情，提出备选饲料，查表列出备选饲料营养成分表；

（3）按照饲养学要求，参考典型配方，确定食盐、钙、磷和其他添加剂的用量（百分数）；

（4）设定限制性饲料用量及其蛋白质含量　备选取饲料用量＝100－（添加剂百分量＋限制饲料用量）；备选饲料蛋白含量＝（饲料标准蛋白需要量－限制性料和添加剂用料中蛋白含量）÷备选饲料用量；

（5）用四方形方法求出各类饲料和各自用量；

（6）核算初配饲粮的营养成分，要求与饲料标准进行逐项比较；

（7）调整。

3. 比较结果会有以下 3 种情况

（1）完全符合饲料标准中各项营养需要，配方完成；

（2）能量、粗蛋白和粗纤维满足要求，而钙、磷或其他添加剂量不符合要求，再调整添加剂用量，配方即可完成；

（3）能量、粗纤维不符合要求，须调整饲料种类，重新配方。

调整方法如下：如果能量过高，改选低能高蛋白饲料，或把某种蛋白饲料改作限制饲料处理；如果粗纤维过高时，改选低纤维饲料，或限制高纤维饲料用量。

4. 配合饲粮时应注意的问题

（1）饲料的种类尽可能多一些，以保证营养物质的完善；

（2）注意饲料的品质和适口性。珍禽雏绝对不能喂皮壳过硬的饲料；

（3）所配饲料容积的大小，必须与珍禽的消化道容积相适应，防止因粗纤维或水分过多而使饲料容积过大，造成珍禽无法食入足够的养分；

（4）根据当地条件选择价格便宜的饲粮；

（5）饲料来源要充足稳定；

（6）配合饲粮要均匀，尤其是维生素、微量元素和氨基酸等添加剂；

（7）将优质青绿饲料粉碎与配合饲料混在一起饲喂珍禽效果

也好。

5.珍禽的饲粮配合实例 目前我国绝大多数珍禽养殖场和个体饲养户采用配合饲料,这是促进珍禽生产向高产、低成本方向发展的关键技术措施,现将我们在生产实践中整理的珍禽饲料配方介绍如表2—9、表2—10、表2—11、表2—12。

**表2—9 雉鸡各期饲料配方表 (%)**

| 成分 | 育雏期<br>(0~4<br>周龄) | 育成期<br>(4~12<br>周龄) | 育成后期<br>(12周~<br>出售) | 休产期或<br>后备种鸡 | 种鸡产蛋<br>期(3~7<br>月份) |
|---|---|---|---|---|---|
| 玉米 | 44 | 52.56 | 66.84 | 63.34 | 49.79 |
| 豆饼 | 31 | 27.00 | 16.00 | 18.00 | 25.00 |
| 小麦麸 | 10 | 11.00 | 11.00 | 12.00 | 10.00 |
| 鱼粉 | 11.90 | 7.00 | 3.00 | 3.50 | 8.00 |
| 磷酸氢钙 | 1.40 | 1.04 | 1.80 | 1.80 | 2.79 |
| 贝壳粉 | 0.80 | 0.77 | 0.68 | 0.68 | 3.77 |
| 食盐 | 0.35 | 0.40 | 0.45 | 0.45 | 0.40 |
| 蛋氨酸 | 0.30 | — | — | — | — |
| 复合多种<br>维生素 | 0.05 | 0.03 | 0.03 | 0.03 | 0.03 |
| 复合微量<br>元素 | 0.20 | 0.20 | 0.20 | 0.20 | 0.20 |
| 合计 | 100.00 | 100.00 | 100.00 | 100.00 | 100.00 |
| 主要营养<br>成分 | | | | | |
| 代谢能（兆<br>焦/千克） | 11.77 | 11.97 | 12.27 | 12.14 | 11.41 |
| 粗蛋白质 | 26.05 | 21.95 | 16.03 | 17.00 | 21.31 |
| 钙 | 1.27 | 1.00 | 0.96 | 0.99 | 2.50 |
| 磷 | 0.90 | 0.70 | 0.68 | 0.71 | 0.99 |

表 2－10　野鸭各期饲料配方示例（％）

| 成分 | 雏鸭（0～4周龄） | 育成鸭（4～12周龄） | 育肥期（13周以上） | 繁殖期（种鸭） |
|---|---|---|---|---|
| 玉米 | 57.65 | 60.12 | 63.00 | 65.60 |
| 豆饼 | 19.00 | 14.50 | 9.00 | 15.00 |
| 麦麸 | 14.00 | 20.00 | 25.87 | 8.00 |
| 鱼粉 | 7.00 | 3.00 | | 4.00 |
| 磷酸氢钙 | 0.46 | 1.00 | 0.78 | 1.27 |
| 石粉 | 1.24 | 0.73 | 0.70 | 5.48 |
| 食盐 | 0.40 | 0.40 | 0.40 | 0.40 |
| 复合维生素 | 0.05 | 0.05 | 0.03 | 0.05 |
| 复合微量元素 | 0.20 | 0.20 | 0.20 | 0.20 |
| 合计 | 100.00 | 100.00 | 100.00 | 100.00 |
| 营养成分 | | | | |
| 代谢能（兆焦/千克） | 12.02 | 11.81 | 11.73 | 11.89 |
| 粗蛋白质 | 19.38 | 16.10 | 13.02 | 15.66 |
| 钙 | 1.00 | 0.80 | 0.60 | 2.75 |
| 总磷 | 0.60 | 0.60 | 0.50 | 0.60 |

表 2－11　火鸡的饲料配方（％）

| 成分 | 雏火鸡Ⅰ号料（0～4周龄） | 雏火鸡Ⅱ号料（5～8周龄） | 育成火鸡料（9～18周龄） | 限制生长料（19～28周龄） | 种火鸡（29～54周龄） |
|---|---|---|---|---|---|
| 玉米粉 | 45 | 49 | 60 | 67 | 65 |
| 豆饼 | 40 | 38 | 23 | 10 | 18 |
| 鱼粉 | 12 | 10 | 6 | 3 | 7 |
| 麸皮 | 2 | 2 | 10 | 18 | 5 |
| 骨粉 | 1 | 1 | 1 | 1 | 1 |
| 石粉 | — | — | — | 1 | 4 |
| 合计 | 100.00 | 100 | 100 | 100 | 100 |
| 多种维生素（克/吨） | 100 | 100 | 75 | 75 | 100 |

| 成分 | 雏火鸡Ⅰ号料（0～4周龄） | 雏火鸡Ⅱ号料（5～8周龄） | 育成火鸡料（9～18周龄） | 限制生长料（19～28周龄） | 种火鸡（29～54周龄） |
|---|---|---|---|---|---|
| 硫酸锰（克/吨） | 250 | 250 | 250 | 250 | 250 |
| 硫酸锌（克/吨） | 200 | 200 | 200 | 200 | 200 |
| 食盐（克/吨） | 1500 | 1500 | 2000 | 2000 | 20000 |

表 2—12　鸵鸟饲料配方（%）

| 月龄<br>体重（千克）<br>饲料 | 0～2<br>0.8～11 | 2～4<br>11～36 | 4～6<br>36～65 | 6～9<br>65～100 | 9～14<br>100～120 | 产蛋期 |
|---|---|---|---|---|---|---|
| 玉米 | 45.5 | 44.8 | 40.8 | 39.7 | 36.3 | 33.9 |
| 豆粕 | 27 | 21 | 22 | 17 | 5 | 24 |
| 麦麸 | — | 5 | 14 | 16 | 18 | 10 |
| 黄豆粉 | 12 | 12 | 8 | 8 | 8 | 8 |
| 草粉 | 5 | 8 | 10 | 15 | 24 | 14 |
| 统糠 | — | — | — | — | 5 | — |
| 鱼粉 | 5 | 4 | — | — | — | 2 |
| 食盐 | 0.4 | 0.4 | 0.5 | 0.5 | 0.5 | 0.5 |
| 石粉 | 1.2 | 1.1 | 1.3 | 1.6 | 1.3 | 5.3 |
| 磷酸氢钙 | 3.1 | 3.9 | 2.9 | 1.7 | 1.4 | 1.5 |
| 预混料 | 0.8 | 0.8 | 0.5 | 0.5 | 0.5 | 0.8 |
| 合计 | 100 | 100 | 100 | 100 | 100 | 100 |
| 代谢能（兆焦/千克） | 11.3 | 10.9 | 10.5 | 10.0 | 9.6 | 10.0 |
| 粗蛋白质 | 21.0 | 18.2 | 16.1 | 14.0 | 10.2 | 18.0 |

# 第三章　珍禽的孵化技术

## 第一节　珍禽的孵化期

各种珍禽均有一定的孵化期（表 3－1），但胚胎的发育的确切时间受许多因素的影响，如小蛋比大蛋孵化期短，种蛋保存时间太长时孵化期延长，孵化温度高时孵化期短。孵化过长或过短对孵化率和雏禽的品质均有不良的影响。

表 3－1　各种珍禽的孵化期（天）

| 珍禽种类型 | 孵化期 | 珍禽种类型 | 孵化期 |
|---|---|---|---|
| 雉鸡 | 24 | 火鸡 | 28 |
| 鹌鹑 | 17～18 | 野鸭 | 28 |
| 珍珠鸡 | 26 | 乌骨鸡 | 21 |
| 鹧鸪 | 24 | 鸵鸟 | 42 |

## 第二节　种蛋的选择、保存、运输与消毒

### 一、种蛋的选择

种蛋的品质不但影响孵化效果，而且也影响雏禽的质量，所以在孵化前应认真地进行选择。

1. 种蛋来源　种蛋必须来自饲养管理正常、健康和高产的珍禽群。

2. 种蛋的大小　种蛋大小要适中，既不能过大，也不能过

小。如雉鸡种蛋蛋重范围一般为 27～39 克。

3. 种蛋的形态　种蛋过长、过圆或有其他畸形都不能作孵化用，应选择壳面光滑而清洁，无裂纹和无污点的种蛋。

4. 蛋壳颜色　蛋壳颜色应符合各种珍禽的品种要求。如对雉鸡种蛋的研究表明，橄榄色和暗褐色蛋的孵化率显著高于其他颜色的蛋。

5. 种蛋的品质要新鲜　种蛋保存时间愈短，对胚胎的生活力的影响愈小，孵化率愈高。一般以产后 1 周内为合适，以 3～5 天为最好。

6. 种蛋时期　种蛋最好来自产蛋高峰期，早期和末期的蛋一般不宜作种蛋。

7. 照蛋检验　用照蛋器透视检验，淘汰薄壳、陈旧和变质的种蛋。

**二、种蛋的保存**

珍禽种蛋应保存在适当的房舍内以保持种蛋的新鲜品质。

1. 贮存时间　种蛋的贮存时间越短越好，通常贮存 3～5 天内的种蛋孵化率最高。

2. 贮存温度　种蛋贮存最适温度为 10℃～16℃，其中理想的贮存温度是 13℃。

3. 贮存湿度　贮蛋室的相对湿度应该为 70%～75%。

4. 蛋库空气　蛋库空气应新鲜，不得有异味，尤其夏天要防止有臭蛋。

5. 翻蛋和蛋的位置　在蛋盘上要求将蛋大头向上摆放，如果种蛋贮存期不超过 2 周，并贮存在凉爽和恒温的条件下，则不需要翻蛋，如果贮存期超过 2 周，则从贮存开始必须翻蛋。

**三、影响种蛋品质的主要因素**

种蛋品质的优劣，直接影响孵化效果。品质好的种蛋，是孵出健康雏禽的内在因素，而孵化条件只是外在条件。

1. 种禽的饲料　种蛋的品质取决于种禽的饲养管理，特别是饲料品质。实践证明，种禽喂给赖氨酸、蛋氨酸含量高的饲料，可提高种蛋的品质，除此之外，在饲料中添加维生素及微量元素等物质，孵化效果较好。

2. 种禽的健康状况　种禽在发病初期或期间，珍禽产的蛋可能具有稀薄的蛋白，较大的气室和蛋壳变薄等。这种蛋的孵化效果差，并且胚胎可能感染相应疾病。

3. 种蛋的贮存环境　珍禽种蛋大量孵化和机器孵化要分批进行，因此，会有种蛋积攒过程。在此期间，贮存种蛋的时间及环境均对种蛋的品质影响很大。

4. 有毒物质　种蛋应避免与有毒物质接触，因为多孔的蛋壳可以使有毒物质进入蛋内污染种蛋。

5. 种蛋的运输　种蛋通常可以长距离运输，如空运或铁路运输等，为减少种蛋破损和影响孵化率，可利用泡沫蛋盘装蛋运输，注意包装完善，以免震动碰破，冬季运输时，注意保温，以防冻裂。

6. 种蛋的消毒　种蛋产出之后往往被粪便、垫料污染，过脏的蛋很容易淘汰拣出，而轻度污染不仅影响孵化率，更严重的是污染机具，传播各种疾病，并通过种蛋垂直传染。孵化厂或孵化室应有单独的熏蒸间，在孵化前再进行一次熏蒸消毒。

**四、种蛋的常用消毒方法**

1. 福尔马林熏蒸法　按每立方米空间 20 克高锰酸钾加 40 毫升 40% 的甲醛溶液，密闭熏蒸 30 分钟。熏蒸时要求环境温度 25℃～27℃，湿度 75%～80%，温湿度低则消毒效果差。

2. 高锰酸钾消毒法　用 0.05% 的高锰酸钾溶液浸泡 3～5 分钟，洗蛋的水温应为 43℃～49℃，每 4 升溶液洗蛋不超过 200 枚。

3. 新洁尔灭消毒法　用 0.2% 的新洁尔灭温水溶液，水温 40℃～43℃，浸泡 1～2 分钟，捞出沥干后即可入孵。

# 第三节 珍禽的孵化条件

## 一、孵化条件

1. 温度 是胚胎发育的首要条件，也是有机体生存的重要条件，只有在适宜的温度下才能保证珍禽胚胎正常的物质代谢和生长发育。温度过高过低都会影响胚胎的发育，严重时造成胚胎死亡。

胚胎发育时期不同，对外界温度的要求也不一样。孵化初期，需要较高孵化温度，中期以后需要较低温度。在同一孵化器内分批上蛋时，每隔5～7天将"新蛋"和"老蛋"的蛋盘必须交错放置，以便互相调节温度。

各种珍禽种蛋采用机器恒温孵化时的适宜温度见表3－2。

表3－2 各种珍禽种蛋恒温孵化温度

| 禽别 | 孵化期 | | 出雏期 | |
| --- | --- | --- | --- | --- |
| | 时间（天） | 温度（℃） | 时间（天） | 温度（℃） |
| 雏鸡 | 1～21 | 38.0 | 22～24 | 37.5 |
| 野鸭 | 1～25 | 37.5 | 26～28 | 37.0 |
| 珍珠鸡 | 1～23 | 38.0 | 24～26 | 37.3 |
| 鹧鸪 | 1～21 | 38.1 | 22～24 | 37.6 |
| 鹌鹑 | 1～14 | 38.2 | 15～18 | 37.7 |
| 火鸡 | 1～25 | 37.5 | 26～28 | 37.0 |

2. 湿度 对珍禽的胚胎发育也有很大影响。湿度与蛋内水分蒸发和胚胎的物质代谢有关，孵化过程中如湿度不足则蛋内水分加速向外蒸发，因而破坏了胚胎正常的物质代谢。其次湿度能使蛋壳变脆，有利于雏禽出壳。

各种珍禽种蛋采用机器孵化时的湿度见表3－3。

**表3-3　各种珍禽种蛋机器孵化时的适宜湿度**

| 禽别 | 孵化期 | | 出雏期 | |
| --- | --- | --- | --- | --- |
| | 时间（天） | 相对湿度（%） | 时间（天） | 相对湿度（%） |
| 雏鸡 | 1～21 | 50～55 | 22～24 | 60～65 |
| 鹌鹑 | 1～14 | 55～60 | 15～18 | 65～70 |
| 珍珠鸡 | 1～23 | 50～55 | 24～26 | 60～65 |
| 鹧鸪 | 1～21 | 55～60 | 22～24 | 75～80 |
| 火鸡 | 1～25 | 60 | 26～28 | 70～80 |
| 野鸭 | 1～25 | 60～70 | 26～28 | 75～80 |
| 乌骨鸡 | 1～18 | 53～57 | 19～21 | 70 |
| 鸵鸟 | 1～39 | 18～22 | 40～42 | 70 |

3. 通风换气　胚胎在发育过程中，不断吸收氧气和排出二氧化碳。为保持胚胎的正常气体代谢，必须供给新鲜的空气。蛋周围空气中二氧化碳的含量不得超过 0.5%，过高会导致胚胎死亡率增高或畸形等现象。同时注意空气的流速和线路。孵化时必须保持机内空气新鲜，风速正常，通气孔的大小和位置适当，风扇转速不能过快或过慢。只要保持正常的温湿度，机内的通风愈畅通愈好。

4. 翻蛋　在珍禽发育过程中具有重要的生物学意义。首先可避免胚胎与壳膜粘连，其次可使胚胎受热均匀，有助于胚胎运动。自动翻蛋孵化器通常是每 1～2 小时翻动一次，角度为 90 度。

5. 晾蛋　因珍禽品种不同蛋的脂肪含量亦不同，如野鸭蛋脂肪含量高，尤其在孵化至 16～17 天后由于脂肪代谢增强，蛋内温度急剧增高，对空气的需要量也大大增加，必须向外排出过剩的体热和保持足够的通风量。晾蛋方法是每天打开机门 2 次，每次晾蛋时间依季节、室温和发育程度而定，每次 30 分钟。如果室温低和发育程度慢，则缩短晾蛋时间；反之则延长晾蛋时间。

## 二、孵化方法

### 1. 机器孵化法

（1）孵化前的准备　做好孵化室和孵化器的检修、消毒工作，孵化室要通风良好并保持适宜温度。一般孵化室的温度以32℃左右为合适。为保证雏禽不受疾病感染，对孵化室要进行彻底的清扫和消毒。为避免孵化中途发生事故，在孵化前做好孵化器和出雏器的检修工作。此外，对孵化器应观察3～4天，一切机件运转正常后，才可入孵。

（2）入孵　种蛋在上机器前10～12个小时运至孵化室，进行预温、药液消毒和码盘。入孵时间一般可在下午4时以后。入孵时将蛋盘在蛋架上的位置互相交错起来，以便"新蛋"和"老蛋"能相互调节温度。要求蛋盘上注明入孵批次和日期。

（3）孵化器的管理　主要注意温度的变化，观察控制系统的灵敏程度，同时也注意保持温度计的清洁，水管内要求盛蒸馏水，保证湿度计的准确性。应经常注意机件的运行情况，以及观察和记录温、湿度等情况。

（4）照蛋　孵化期间一般照蛋2次，以便及时检出无精蛋和死蛋，并观察胚胎发育情况，各种珍禽的照蛋时间见表3-4。

表3-4　各种珍禽在孵化期间的照蛋时间

| 禽别 | 头照（日） | 二照（日） |
|------|------------|------------|
| 雉鸡 | 7 | 21～22 |
| 鹌鹑 | 4～5 | 14～15 |
| 珍珠鸡 | 7～8 | 23～24 |
| 鹧鸪 | 7 | 21～22 |
| 火鸡 | 8 | 25～26 |
| 野鸭 | 8 | 25～26 |
| 乌骨鸡 | 6 | 18～19 |
| 鸵鸟 | 13 | 39 |

（5）移蛋（或落盘） 二照后将孵化器蛋盘内的蛋移至出雏器中。此后停止翻蛋，提高湿度，准备出雏。移蛋的时间可根据胚胎发育情况灵活掌握。如二次照蛋时气室已很弯曲，气室下部黑暗，气室内见有喙的阴影，说明胚胎发育良好，可以移蛋。如蛋的大部分气室边缘平齐，气室下部发红，则为发育迟缓，应推迟一些时间移蛋，以促进胚胎的发育。

（6）出雏的处理 胚胎发育正常时，移蛋时就有破壳的，此时应关闭机内照明灯，以免雏禽骚动而影响出雏。出雏期间，视出壳情况，拣出空壳蛋和绒毛已干好的雏禽，以利继续出雏。不能经常打开机门，而使温湿度降低，影响出雏。出雏结束后，将出雏盘、水盘要彻底清洗、消毒和晒干，准备下次出雏用。

（7）停电时的措施 大型禽场应自备发电机。如没有这种条件，孵化室应备有加温用的火炉，在停电时起用，使室内温度加热到37℃左右，打开全部机门，每隔1～2小时翻蛋一次，保证上下部温度均匀，同时喷洒热水，以调节湿度。停电时不要立即关闭通风孔，以免蛋因过热而遭损失。此外，如为临时停电且不超过几小时，则不必生火加温。

（8）孵化记录 每次孵化应将上蛋日期、蛋数、种蛋来源、两次照蛋情况、孵化结果、孵化期内的温度变化等记录下来，以便统计孵化结果。

2.塑料薄膜水袋孵化法（土法孵化） 这种孵化法具有成本低、简单易行，且温度均匀的优点，很适合珍禽养殖专业户使用。

（1）孵化设备及用具 普通火炕，长方形木框140厘米×70厘米×18厘米，棉被、温度计、塑料薄膜水袋。要求水袋略长于长方形木框，其宽与木框相同。

（2）孵化方法 把木框平放在炕上，框底垫2层软纸，将塑料水袋平放框内，在水袋与木框间塞上棉花及软皮纸保温，然后往薄膜水袋中注入40℃温水，以便始终比蛋温高0.5℃～1℃，使水袋鼓起 12 厘米高。把珍禽蛋平放在水袋表面上，为使翻蛋容易，在水袋上面先放一块白布，把温度计分别放在蛋面上和插入种蛋间，用棉被盖严，种蛋的温度主要靠往水袋中注入热水、冷水来调节，使水袋中的水保持恒温，整个孵化期间只注入 2～3 次热水即可。出雏前 3～5 天，用木棒将棉被支起来，以利于通风，整个孵化期间室内温度保持在 24℃左右。室内湿度以人不觉干燥为宜，塑料袋上放一个碗，碗内放一个渗水的海绵，这样可以增加孵化空间的湿度。每昼夜要求翻蛋 6～8 次，并尽量使蛋的小头向下。

（3）自然孵化法　此方为小规模饲养者常用的方法，即用抱窝母鸡代孵。

其好处为：能省去孵化器所必需的调节温、湿度及翻晾蛋等工序，节省劳动力；地方母鸡抱性一般较强，孵化成功率高；适合小规模养殖或纯系繁殖；是孵化贵重蛋或产蛋初期蛋量少时最佳孵化方法。

其弊端是：倘若出现抱窝母鸡不足时，会使种蛋贮藏时间延长，导致孵化率降低；抱窝母鸡容易成为被孵出雏禽的疾病传染源。

# 第四节　胚胎的死亡原因与孵化效果统计

## 一、胚胎死亡原因分析

各种珍禽的胚胎死亡均发生在特定的时期，表 3－5 给出了判定珍禽胚胎死亡的原因。

## 表 3—5　珍禽胚胎死亡的原因

| 问题 | 可能原因 |
|---|---|
| 种蛋未受精 | 1. 公禽不育；2. 由于疾病未交配；3. 被外部寄生虫感染；4. 选择交配；5. 人工授精：稀释问题、授精深度或其他的程序 |
| 产孵前胚胎死亡（POD） | 原因不很清楚，可能是遗传引起（某些近交有明显的 POD 发生） |
| 种蛋虽受精但不发育（FND） | 由于种蛋贮存和运输中的问题引起。如种蛋贮存时间过长，贮存时温度过低，而洗蛋时温度过高 |
| 在第一次照蛋前出现高死亡率 | 1. 不正常的孵化温度；2. 孵化期间未进行翻蛋；3. 窒息（通风不畅）或二氧化碳过高；4. 种禽群有疾病；5. 种禽严重的营养缺乏 |
| 从第一次照蛋到落盘期间死亡 | 1. 种禽营养缺乏；2. 种蛋感染；3. 孵化温度过高或过低 |
| 在出雏器中死亡 | 1. 种蛋落盘太迟；2. 出雏器湿度太低，或出雏器长时间敞开 |
| 蛋白吸收不全 | 1. 孵化器湿度太高；2. 翻蛋不当；3. 缺乏氧气 |
| 小雏啄壳死亡，胎位不正 | 1. 疾病问题；2. 基因突变；3. 翻蛋不当；4. 出雏器湿度太高 |
| 出雏过早——瘦小和羽毛杂乱 | 孵化期温度太高 |
| 出雏晚 | 1. 种蛋贮存时间过长；2. 孵化温度太低 |
| 小雏软弱或昏睡 | 在孵化期间温度过低或温度过高 |

## 二、孵化效果的统计

孵化效果根据在各环节的纪录，计算受精率和孵化率。

1. **受精率**　为受精蛋数与入孵蛋数的百分比。

2. **孵化率**　有两种表示方法：

（1）出雏数与受精数的百分比叫受精蛋的孵化率；

（2）出雏数与入孵蛋数的百分比，叫作入孵蛋的孵化率。

# 第四章　各种珍禽饲养管理

## 第一节　雉　　鸡

雉鸡是鸟纲鸡形目雉科的重要鸟类，又称野鸡、山鸡、环颈雉等。在我国，雉鸡广泛分布于大江南北，但北方亚种比南方亚种大，羽毛鲜艳，经济价值更高。

我国人工驯养雉鸡是从1978年开始的，真正大规模推广普及是在1985年，1992～1993年间雉鸡饲养规模达到高峰期，全年生产商品雉鸡600多万只。

目前培育成功的品种有河北亚种雉鸡、中国环颈雉、左家雉鸡，引进的品种有：黑化雉鸡、特大型雉鸡、浅金黄色雉鸡、白雉鸡等。

### 一、育雏期饲养管理

雉鸡从出壳到4周龄期间，称为雉鸡的育雏期。育雏是雉鸡生产中非常关键的阶段，必须充分重视，精心培育。

1. 育雏期的必要条件

（1）温度　刚出壳的雏雉，尤其出壳后的头5天，雏雉的体温低于成雉鸡1.5℃～2℃，10日龄后才能达到成龄雉鸡的体温，而出壳后3～8天是影响成活率的关键时期，所以10日龄内的保温更为重要。

育雏保温的方法：电热、火墙、火炕、热水管等。如果育雏伞下面育雏，其温度可参考表4—1。

表 4-1  雉鸡伞下面育雏的温度要求

| 雏龄 | 育雏器温度（℃） | 室温（℃） |
|------|------|------|
| 入雏 1～2 天 | 35 | 24～25 |
| 1 周 | 35～32 | 24～25 |
| 2 周 | 32～29 | 24～21 |
| 3 周 | 29～27 | 21～18 |
| 4 周 | 27～21 | 18～16 |

（2）湿度  育雏头 10 天室内应放置饮水桶，其作用一是提高室内的湿度；二是使饮水加温，使相对湿度保持在 60%～65%。10 日龄以后，育雏室易受潮湿，可以通过打开门窗通风，并及时清除粪便和擦干堤上水分等方法降低湿度。

（3）通风  在保证育雏室温度的前提下，通风愈畅愈好。

（4）密度  育雏头 2 周一般控制在每平方米饲养 40～50 只，之后应减半疏散。

（5）光照  育雏室窗户应宽大，以使室内获得充足的阳光。雉鸡育雏期除采用自然光照外，还应补充一定的人工光照，使每日的光照时间达 16 小时。

2. 育雏期的管理

（1）分群  出壳雏进入育雏室时，应将强弱雏分别装笼，以便采取不同的饲养管理办法。

（2）开食  一般在出壳后 12～24 小时开食比较合适，但在开食前约 1 小时，须先给予饮水。雏鸡饮水后逐渐活跃起来，有啄食行为，此时喂食恰到好处。

（3）饲喂制度  雏雉的消化器官容积小，消化能力差，但生长快，新陈代谢旺盛，因此，适宜喂湿料（以用手握成团但不出水为度），每天喂 8 次，每 2 小时一次，要定时饲喂，饮水要充足，以饮用 30℃左右的温水为宜。

（4）环境卫生  严格控制好育雏室的温、湿度和通风换气等育雏条件，抓好育雏室的清洁卫生和饲料饮水卫生。

（5）预防性投药　雏雉因其消化器官容积小，一旦发病时，消化道没有任何食物，若用药物治疗，往往效果不佳，有时死得更快。故做好预防性投药工作是提高育雏率的关键措施。预防性投药程序见表4—2。

表4—2　雉鸡育雏期常见病预防性投药日程表

| 日龄 | 病名 | 预防用药、剂量、期限 |
|------|------|---------------------|
| 开食前 | 上呼吸道病 | 抗生素类药物，喷雾 |
| 1日龄 | 鸡白痢、球虫病 | 抗生素或抗球虫类药物，饮水 |
| 4日龄 | 球虫病、鸡白痢、禽霍乱、肠炎等 | 抗生素类，拌料 |
| 10日龄 | 新城疫 | 鸡瘟Ⅱ系苗，饮水，滴鼻或喷雾 |
| 12日龄 | 鸡白痢、球虫病 | 抗生素类或抗球虫类药物，饮水或拌料 |
| 18日龄 | 白痢、霍乱、促生长 | 抗生素类药物，拌料 |

**二、育成期的饲养管理**

育成期是指4周龄以上的青年雉鸡而言。育成期可分为育成前期（4～12周龄）和育成后期（12周龄以上）两个阶段，育成后期也称育肥期。

1. 饲养方式　育成期雉鸡采用地面平养。育成前期要求的主要设备是普通房舍并连通铁丝网舍或塑料网舍，饲养在铁丝网舍或塑料网舍内，但网舍内要配有避雨棚。育成期雉鸡宜喂干粉料或颗粒饲料，自由采食饮水，以充分发挥雉鸡的生长发育潜力。

2. 生长速度和饲料转化效率　雉鸡场的管理人员一定要正确掌握其正常的生长标准。为此每周须测定雉鸡样本的体重和饲料消耗量，继而通过增重和饲料消耗量计算出饲料转化效率。

雉鸡不同周龄下的生长速度和饲料消耗量见表4—3。

表 4—3 　雉鸡的生长速度和饲料消耗

| 周龄 | 平均体重（克） | 累计饲料消耗（克） | 周龄 | 平均体重（克） | 累计饲料消耗（克） |
|---|---|---|---|---|---|
| 1 | 41 | 59 | 11 | 772 | 2520 |
| 2 | 82 | 154 | 12 | 840 | 2951 |
| 3 | 136 | 286 | 13 | 917 | 3382 |
| 4 | 195 | 449 | 14 | 999 | 3859 |
| 5 | 263 | 613 | 15 | 1062 | 4313 |
| 6 | 350 | 863 | 16 | 1099 | 4812 |
| 7 | 436 | 1158 | 17 | 1112 | 5312 |
| 8 | 522 | 1453 | 18 | 1135 | 5811 |
| 9 | 590 | 1748 | 19 | 1153 | 6311 |
| 10 | 658 | 2088 | 20 | 1180 | 6810 |

3. 管理要点

（1）育成网舍的消毒及垫草铺法　从育雏室转出前，应将育成房舍地面清扫或冲刷干净，待干后铺上垫草，然后用 3% 煤酚皂液或菌毒敌消毒。在铺垫草时，应顺四个墙脚铺成坡形，坡度30 度左右，并将垫草踏实。使雉鸡不致扎堆和钻进草丛。另外，育成雉鸡在 2～3 天内，夜班人员也须经常巡视，发现起堆及时拨开。

（2）驱赶驯化　育成期雉鸡在头一周内养在铺垫草的房舍内，并关好门，以免受凉腹泻。一周以后，晴朗天气时赶到运动场内自由活动，夜间赶回房内休息。如遇到雨天，在下雨前把鸡赶到房舍内，这样经过舍内、舍外反复驱赶驯化，2～3 周即可形成条件反射，使之适应房舍内外运动场的环境，提高抵御不良环境的能力。

（3）适时疏散、分群　育成期密度过大，雉鸡互相叼啄严重，发育不整齐，死亡率高。所以育成前、后期饲养密度分别不超过 2 只/米$^2$ 和 1.2 只/米$^2$，11 周龄时，应按公母和强弱分别组群。

（4）定期断喙　雏鸡育成期间啄癖比较严重，应根据情况或结合分群时进行断喙，在断喙前往饮水里加入一定量的维生素 C，以减轻断喙应激反应。

（5）保持网舍的卫生和干燥　每天应将食槽内的剩料清理一次，饮水器应定期清洗，清除粪便，并对圈舍及用具消毒。

（6）促进羽毛生长发育和防止啄肛、啄羽　雏鸡育成期羽毛生长发育的好坏，将直接影响其存活率和商品价格。

4. 注意事项　在饲养管理上，可以通过以下措施控制啄肛、啄羽癖的形成和促进羽毛的生长发育。

（1）加强饲养，保证配合日粮的全价合理；

（2）给雏鸡提供充足的饲养面积，控制合适的饲养密度；

（3）在雏鸡群中发现病死鸡或弱鸡时及时捡出，以免雏鸡叼啄而养成习惯；

（4）适时断喙；

（5）消除网舍内引起雏鸡损伤的障碍物；

（6）给雏鸡足够的料槽和水槽；

（7）育成期应按大小、强弱和性别分开饲养；

（8）若发生啄肛、啄羽现象，应立即将被啄的鸡取出，以免进一步恶化；

（9）在稳定的鸡群中避免放入其他群雏鸡或引进新的雏鸡；

（10）避免饲料突然变化；

（11）在育雏期间最好采用暗红色的光，光照强度要小；

（12）限制车辆接近鸡群；

（13）在育成舍提供足够遮雨棚和地面覆盖物；

（14）在育成网舍四周挂一些白菜或野菜，以引诱雏鸡叼菜，分散其啄羽精力。

### 三、种雉鸡的饲养管理

饲养种雉鸡的目的，是为了获得高产、优质的种蛋，而适宜的饲养管理技术是达到此目的的根本保证。

1. **饲养方式与主要设备**　种雉鸡一般采用平养、自由采食与饮水，因雉鸡需要较大的活动范围，还具有一定的飞翔能力和一定的野性，所以必须养在网舍内，以防飞逃。

网舍和产蛋窝是饲养雉鸡的主要设备。网舍内应有足够的遮阴和防雨设备。产蛋窝要求门小，较暗和较密闭，这样可防止种公雉钻入破坏种蛋。

2. **配种比例**　一般来说，驯化程度高的品种，其配种比例就高，小型品种比大型品种的配种比例为高。我国雉鸡生产中多采用的配种比例（公：母）为1：5～8。

3. **饲养管理要点**　根据雉鸡生理变化和饲养水平的不同，可将其划分为繁殖准备期（每年的2～3月）、繁殖期（4～7月）、换羽期（8～9月）和越冬期（10月至翌年1月）。

（1）**繁殖准备期**　对网舍和地面要进行彻底消毒，检修鸡舍，平整场地和分群整群等，另外在地面铺5～10厘米的细砂，防止打蛋，同时结合分群，进行新城疫Ⅰ系苗、传染性支气管炎疫苗和减蛋综合征疫苗等免疫注射，为了促进发情产蛋，此期的饲料蛋白水平应达到18％～19％。青饲料不足时，应增加维生素添加剂和微量元素添加剂。

公母雉鸡合群时间一般于3月下旬开始，一般以40～60只为一群比较合适，若群体大，则相互干扰，影响产蛋量。

（2）**繁殖期**　种雉鸡繁殖期的饲料蛋白质水平应提高到22％，并注意维生素A、维生素D、维生素E以及钙、磷、锌、锰的补充。6月中旬气温较高，适当提高能量和蛋白质等其他营养水平，在饲喂上应选择早晚气候凉爽时饲喂。

繁殖期除加强营养外，还应创造一个安静的环境，谢绝参观，防止惊群，每2周用菌毒敌、百毒杀等药物对环境消毒一次。对于破损蛋应及时拣出，一般每隔 1 小时拣蛋一次。饲养密度每只鸡占地面积 1～1.2 米²，大雨过后应及时排出地面积水。

（3）换羽期　此期种雉鸡体重下降 1～200 克，所以应继续饲喂产蛋期饲粮 20 天左右，恢复其体力，以后应将蛋白质水平降到 18% 左右，加速换羽。

（4）越冬期　此期应提高日粮能量水平，蛋白质可降低 17% 左右，但应注意此期应保证饮水，否则会使采食量下降和降低饲料的消化率和利用率。

# 第二节　珍　珠　鸡

珍珠鸡家养驯化的历史不长，目前仍保留着野生条件的许多特性。爱鸣叫、善攀登，具有一定的择偶性，食性广而杂、喜沙浴等。肉质细嫩，口味鲜美，营养丰富，蛋白质含量高达 23.3%，并富含人体的必需氨基酸。对神经衰弱、心脏病、高血压、妇科病等均有一定的食疗作用。

珍珠鸡每年平均产卵为 90～120 枚/只，高者可达 160～170 枚/只，每枚种蛋重 43～48 克，种公鸡 35 周龄达到性成熟，种母鸡 28 周龄开产，成鸡饲养期 120 天左右，成龄体重可达 2.0～2.5 千克，种鸡可以饲养 2～3 个产蛋期，第 1 个产蛋期生产性能较高，以后逐渐降低。

珍珠鸡根据其生产性能常分为种用珍珠鸡和商品用珍珠鸡。种用珍珠鸡常划分成育雏期、育成期、产蛋期及休产期；商品用珍珠鸡因饲养时间较短，分为育雏期和肥育期两个饲养阶段。

**一、种用珍珠鸡的饲养管理**

1. 育雏期的饲养管理　种用珍珠鸡的育雏期是指 0～4 周龄这段时间。

（1）育雏前的准备　珍珠鸡从出雏器转入育雏室前，应清扫室内各角落，洗刷笼架、水槽、料槽等用具，然后用福尔马林熏蒸消毒 24 小时，空置 2 天，用菌毒敌或百毒杀等药液按说明剂量喷雾消毒，消毒后对育雏室进行预加温，使育雏前 24 小时达到育雏温度并保持恒定，在育雏室门口放生石灰盘或 2％火碱溶液浸泡的草垫，以便对出入人员消毒。

（2）饲养设备　育雏方式可分为地面散养、地板网平养和笼养 3 种类型。

①地面散养　室内地面冬季和春季均应铺 5～7 厘米厚的垫草。要求垫草干燥清洁。垫草经一次育雏后应清除舍外。

②地板网平养　采用地板网平养时，网面可以用金属编织网或以木、竹制成，网眼 1.2 厘米见方，网面高度 60～70 厘米。

③笼养　在房舍面积小，用电又很方便的地方，可采用叠层式电热育雏笼育雏，其优点是对地面、房舍热能的利用率高，育雏效果好，但一次性投入较高。

（3）密度　1 周龄每平方米饲养 50～60 只，2 周龄时每平方米饲养 30～40 只，3 周龄每平方米只能饲养 20～30 只。

（4）温度　刚出壳的鸡雏要生活在 35℃～38℃ 的保温伞下，随着雏鸡日龄的增长，每周下降 3℃ 左右。

（5）湿度　育雏室内相对湿度低于 55％时应在地面洒清洁的水。育雏室应保持 60％～65％ 的相对湿度，可在室内挂干湿球湿度计测定。

（6）通风　鸡舍通风的目的是排出舍内过多的水蒸气、热量和污浊的气体，换入新鲜空气，以保证雏鸡生活所需的清新空气。一般以人进入育雏室内，无闷气感觉以及不刺鼻、刺眼为宜。

（7）光照　雏鸡需要一定的光照时间和光照强度。密闭式鸡舍内珍珠鸡育雏光照时间和强度见表 4－4。

在开放式鸡舍，白天可利用自然光照，光照时间不足时，可参照表 4－4 补充光照。

表 4—4　珍珠鸡育雏光照时间及强度

| | 1 周 | 2 周 | 3 周 |
|---|---|---|---|
| 光照时间（小时/天） | 23～20 | 16 | 14～12 |
| 光照强度（瓦/米²） | 3 | 2.5 | 2 |

（8）饲料　幼雏每次给料量要少，每天给料次数要多。珍珠鸡出壳后 36 小时开食，2 周龄前每天给料 6 次，第 3 周每天给料 5 次。要求饲料质量要好，营养水平高，符合卫生标准。

（9）饮水　饮水要清洁，每天换水 2 次以上。

（10）断翅　为方便管理，出壳后用断喙器切去左或右侧翅膀的最后一个关节。

（11）群体检查　饲养人员每天进入鸡舍都要检查鸡群的健康状况、采食、粪便等是否正常，及时拣出死鸡、淘汰病弱残鸡，并逐一记录。

（12）育雏记录　每个育雏室要有专人填写育雏日记，鸡场管理人员要经常检查记录是否准确、完整、规范，使之正确反映真实情况。

2. 育成期饲养管理　育成期包括育成前期和育成后期。前者为 4～8 周龄，后者为 9～25 周龄。

（1）鸡舍形成　密闭式鸡舍比较适合于四季温差较大的地方采用。舍内地面要求平整，方便清洗消毒，并要有自然通风和机械通风设备。开放式鸡舍适合于四季温差小，气温偏高的地区采用。这类鸡舍设有运动场。运动场面积是鸡舍面积的 3 倍，并在运动场上设有栖架、水槽、食槽及沙浴池。

（2）饲养密度　在温、湿度适宜的情况下（温度为 20℃～24℃，相对湿度为 65%～70%），育成前期每平方米饲养 15～20 只，育成后期每平方米饲养 6～15 只。

（3）光照　育成前期每天光照时间维持在 8～10 小时，育成后期每天光照时间维持在 12～14 小时。由于公珍珠鸡比母珍珠鸡性成熟晚 1～1.5 个月，因此育成后期公珍珠鸡要比母珍珠鸡提前1个月增加光照刺激，使公珍珠鸡尽快达到性成熟，为繁殖期作准备。

(4) 饲喂制度　在育成前、后期珍珠鸡的营养需要略有差异，应按不同的标准配制日粮。另外，在育成料中可添加一些草粉或加喂一些青绿饲料。4～13周龄每天喂料4～5次，之后每天饲喂2次。珍珠鸡的饲料喂量见表4—5。

表4—5　珍珠鸡的饲料喂量

| 周龄 | 每只每日给料量（克） | 累计料量（克） | 周龄 | 每只每日给料量（克） | 累计料量（克） |
|---|---|---|---|---|---|
| 1 | 11 | 77 | 7 | 56 | 1715 |
| 2 | 18 | 203 | 8 | 65 | 2170 |
| 3 | 30 | 413 | 9 | 69 | 2653 |
| 4 | 38 | 679 | 10 | 77 | 3192 |
| 5 | 43 | 980 | 11 | 82 | 3766 |
| 6 | 49 | 1323 | 12 | 82 | 4340 |

(5) 饮水　要求清洁卫生，饮水器或饮水槽要定期清洗和消毒。在正常饲养条件下，每100只珍珠鸡每日饮水量如下：4周龄5升，5周龄6升，6周龄7升，7周龄8升，8周龄9升，9周龄9.5升，10周龄10升，11周龄11升，12周龄12升。

(6) 体况控制　控制体况主要通过饲喂量和饲料质量实现的，使各周龄的体重符合标准，既不能因饲喂过多而导致肥胖，也不能因饲养标准不够而导致体瘦，可根据体况适当增加或减少饲喂量。

3. 产蛋期饲养管理　珍珠鸡约在25周龄后转入产蛋鸡舍饲养，66周龄淘汰，产蛋鸡在鸡舍共生活41周。

(1) 鸡舍　采用笼养，因自然交配的种蛋受精率特别低，而采用人工授精技术，其受精率和孵化率都很高。

光照25周龄时公珍珠鸡每日光照时间为13小时，而母珍珠鸡为 11 小时，此后公母鸡每周增加光照时间 0.5 小时，直到每天光照达 16 小时为止，整个产蛋期的光照强度为每平方米 2～3 瓦。

（2）温度　产蛋期适宜温度范围为 15℃～28℃，天冷时要加强保温；天热时，应不断供给清洁饮水。

（3）湿度　产蛋期的适宜湿度为 50%～60%。

（4）饲喂制度　饲喂制度为自由采食和自由饮水，产蛋期平均日耗料约为 115 克。

（5）保持鸡舍宁静　产蛋期容易惊群，应尽量避免惊扰。

（6）注意观察鸡群　保持环境相对稳定，饲养员每天注意观察采食，饮水等情况。

**二、肉用珍珠鸡的饲养管理**

肉用珍珠鸡饲养管理的主要任务在于缩短饲养期，增加体重，减少耗料，提高存活率和商品合格率；同时，还要特别注意保持珍珠鸡的风味和肉的品质。

1. 管理方式　肉用珍珠鸡目前普遍采用平养方式，自由采食和饮水。每间不超过 1000 只，在栏舍内设一些栖架，供珍珠鸡站落或休息。

2. 温度　雏鸡舍温开始应为 32℃～35℃，随着周龄增长而逐渐降低，7 周龄至上市期间，舍温应在 20℃左右。

3. 光照　0～3 周龄光照强度应为每平方米 3 瓦，4～12 周龄应为 0.5 瓦。

4. 密度　0～3 周龄 40 只/米²，4～8 周龄 15 只/米²，9～12 周龄 6～10 只/米²。

5. 通风　在保温的同时，不能忽视通风，否则有害气体增多，鸡体健康状况会因而下降，阻碍生长发育，严重时导致死亡。

6. 饲料　肉用珍珠鸡宜喂颗粒全价配合料或粉料，颗粒料的增重效果要好于粉料。

7. 主要生产性能指标　出售时平均为 12 周龄，体重平均为

1.5～1.55 千克，饲料报酬为（2.75～2.80）：1，死亡率为
2%～3%。

# 第三节 鹧 鸪

鹧鸪又名石歧鸡，属于早成鸟，生性好动，食性广，喜爱温
暖、干燥的生活环境。其肉是高级滋补品，肉质细嫩，脂肪少，
味道鲜美，是国内外酒席上的上等佳肴。

种用母鹧鸪的选择：体重 0.5 千克以上，身体健壮而不肥
胖，食欲良好，体形匀称，毛色光亮，活泼，脖细长，头形俊
俏，眼睛明亮，不胆怯。

种用公鹧鸪的选择：体重 0.6 千克以上，身躯高大，骨架结
实，胸脯宽广，头硕大，羽毛色深，面颊鲜红，喙漂亮，从脚趾
到腿均为橘红色，凶猛好斗。

配种方法：目前一般采用自然交配法。群养时公母比例以
1：（3～5）为宜，笼养时则以 1：（3～4）为宜，正常情况
下，受精率在 90% 以上。

**一、雏鹧鸪的饲养管理**

1. 光照　育雏期的光照时间见表 4－6，光照强度第 1 周应为
每平方米 4 瓦，以后为每平方米 2 瓦。光照太强会引起啄羽、啄
趾、啄肛等恶癖。

2. 密度　育雏密度与雏鸪的生长速度与经济效益有关。通常
鹧鸪的饲养密度为：0～1 周龄每平方米饲养 70 只，1～4 周龄每
平方米饲养 50 只，4～12 周龄每平方米饲养 30 只。

3. 温度　各周龄对温度的要求见表 4－6。

表 4-6　鹧鸪各周龄所需温度、湿度环境条件

| 周龄 | 温度（℃） | 相对湿度（％） | 通风 | 光照（小时） |
|---|---|---|---|---|
| 1 | 37～35 | 60～70 | 在保温前提下，力求空气清新，避免缝隙冷风及空气污染，闷热。 | 23 |
| 2 | 34～32 | 55～60 | | 18 |
| 3 | 31～29 | 55～60 | | 18 |
| 4 | 28～26 | 55～60 | | 自然光照 |
| 5 | 25～24 | 55～60 | | 自然光照 |
| 6 | 23～22 | 55～60 | | 自然光照 |

4. 饮水　出壳后 24 小时内，应先给予饮水，最好先用 0.02％的青霉素水。在水槽或饮水器中放一些色泽鲜艳的石子，能诱引雏鸪饮水，同时可防雏鸪浸进水中，导致生病。

5. 开食　饮水后就可开食，开食时可将饲料撒在厚纸板上或纸盘上，让雏鸪寻食。雏鸪每日给料量和供水量参考标准见表 4-7。

表 4-7　雏鸪每日给料量和供水量参考标准

| 周龄 | 需水量（升/1000 只） | 需料量（千克/1000 只） | 每日给料次数 |
|---|---|---|---|
| 1 | 15 | 10 | 6 |
| 2 | 20 | 14 | 5 |
| 3 | 25 | 18 | 4 |
| 4 | 30 | 22 | 3 |
| 5 | 35 | 24 | 3 |
| 6 | 40 | 26 | 3 |

6. 日常工作管理

（1）诱导　鹧鸪野性较大，但通过与人频繁接触和细致管理，可以诱导，使之温驯，从而较好地适应人工饲养的环境。

（2）断喙　为预防啄癖的发生，20 日龄前必须断喙一次，最好采用断喙器进行。

（3）清洁　搞好室内外的卫生，用具要定期消毒，粪便及时清理。

（4）观察记录　每天观察鸽群的精神状态，采食、饮水和粪便状况，做好每天鸽群变动，温湿度等环境条件的记录。

**二、育成期饲养管理**

鹌鸽育成期是指 6 周龄至开产这段时间，饲养方式主要有地面散养，飞翔控网上饲养和牧养，其中地面散养是通常采用的方式。

1. 地面散养　饲养舍的玻璃窗及门，都必须附加铁丝网，并有围栏和有围网遮护的运动场，使鹌鸽既可在舍内吃食和睡眠，又能飞翔活动和获得自然光照，呼吸新鲜空气，加大运动量，这是育成高产鹌鸽的重要措施。

2. 温度　育成期鹌鸽要求的适宜温度是 20℃～22℃，一般生长温度为 16℃～29℃。

3. 光照　育成期鹌鸽要求每天 14 小时的光照，光照强度应为每平方米 0.5～1 瓦，白天利用自然光照，不足时可增加人工光照。

4. 密度　6～12 周龄每平方米饲养 30 只，12 周龄后每平方米饲养 15 只。

5. 饲喂与饮水　育成期饲喂制度为自由采食和自由饮水。但留作种用的要保持标准体重，饲喂和饮水参考标准见表 4－8。

表 4－8　育成期鹌鸽投料与供水参考标准

| 周龄 | 采食量（克/只·日） | 需水量（升/1000 只·日） |
|------|------|------|
| 7 | 28 | 45 |
| 8 | 29 | 50 |
| 9 | 30 | 55 |
| 10 | 32 | 60 |
| 11 | 33 | 65 |
| 12 | 34 | 70 |
| 12 以上 | 35 | 75 |

### 三、种鹌鹑的饲养管理

饲养方式有主体笼养和平面饲养。较普遍采用的是平面饲养。

1. 面积　平面舍内面积为 30 平方米，可养 80～100 只种鹑，并设运动场，其网高 1.8～2 米，网眼为 2 厘米×2 厘米。

2. 温度　温度低于 5℃或高于 30℃时，对产蛋率和受精率均有较大影响。产蛋期适宜的温度是 16℃～24℃。

3. 光照　产蛋期光照时间应为 16～17 小时，光照强度为每平方米 3 瓦即可。

4. 密度　每平方米饲养数以不超过 8 只为宜。

5. 饲喂与饮水　产蛋期饲料要新鲜，量要足，不需限制饲喂，每天可喂 3 次，供给全价碎粒料让其自由采食。喂料量应以槽内饲料不断为度；饮水必须清洁，不能断水，在饮水中加入抗生素和维生素 C。在饲养过程中务必保持室内安静，此外，水槽食槽等用具及衣服颜色，发出的饲喂信号等，应相对固定。

### 四、肉用鹌鹑的饲养管理

鹌鹑的饲养目的是为市场提供肉嫩味美的鹌鹑肉，鹌鹑在 12 周龄里生长快，之后逐渐减慢，到 16 周龄时就可以上市了。目前上市鹌鹑每只达 500 克以上即可，从出肉率和胴体的重量来看，每只鹌鹑养到 500～600 克最经济合算，并且肉嫩味美。对饲养者来说，鹌鹑养到 3 月龄，能达到上述体重。饲料消耗为 1.5～1.75 千克，为最佳肉料比饲养阶段。

1. 光照　2 周龄内，供给全日光照；2 周龄后，供给 8 小时光照，光照强度为每平方米 4 瓦。

2. 温度　0～6 周龄的温度要求参见表 4－6。6 周龄以后的温度应在 20℃以上。

3. 湿度　要求室内相对湿度为 55%～60%。

4. 密度　0～9 周龄的饲养密度应为每平方米笼底面积饲养 50 只，9 月龄以后至出售为 40 只。

5. 饲喂方式　饲喂方式为自由采食和自由饮水，每天饲喂4次。饲料要求蛋白质水平和能量浓度都要比种用鹧鸪高，以促进其充分发挥生长潜力和迅速育肥。

6. 育肥　鹧鸪育肥饲养要取得好的效果，就要设法提高鹧鸪的食欲，使它们尽量多吃料，同时减少运动。因此育肥鹧鸪要有安静的环境，通风好的笼舍。

7. 育肥笼　肉用鹧鸪养到8周龄后，逐渐增加各类高能量的饲料育肥，一直喂到出售。育肥笼的饲料应供应不断，让鹧鸪每时每刻都能吃到饲料。也应随时有充足的饮水。

8. 管理　任何时候都不得惊扰育肥鹧鸪，要保持安静的环境，公母分笼饲养，如公母同笼，可发生交尾现象，会引起鸪群骚动，影响育肥效果。

# 第四节　火　　鸡

　　火鸡又名吐绶鸡，是一种体形较大的野生禽种，火鸡的皮瘤和肉垂常因情绪激动会变成蓝、红、紫等色，故又称七面鸡。

　　火鸡具有群居性强，适应性强，好斗性强，就巢性强等生物学特性。据资料介绍，火鸡肉是优质保健食品，肉中胆固醇较其他禽肉低，蛋白质含量比牛羊猪肉都高，并富含丰富的B族维生素。其脂肪中富含不饱和脂肪酸，为人体所必需，长期食用也不会增加血液中胆固醇的含量，是一种理想的现代禽肉。

## 一、种火鸡育雏的饲养管理

　　火鸡的育雏期一般为0～8周，育雏是火鸡饲养过程中难度较大的一个阶段，也是较重要的一个时期。

　　1. 育雏方式　可分为平面育雏和立体育雏，其中平面育雏又分为更换垫草育雏、厚垫料育雏、网上育雏。

　　(1) 更换垫草育雏　指地面铺3～5厘米的垫料，并经常更换。此方法较符合卫生条件要求，清洁度高，但费人力，更换垫料会造成雏火鸡处于多次惊吓的环境。

（2）厚垫料育雏　指地面上铺 15 厘米厚的垫料，到育雏结束后，清扫一次。国外多采用此种方法，要求垫料质量要高，通常采用加工干燥的锯末或刨花等。

（3）网上育雏　在离地面 80 厘米高处架上铁丝地板网，再铺上一层塑料网。这种方法一方面可节省垫料，另一方面可使粪便漏下，缺点是育雏后期其体重增加，易发生脚病、胸病，也有压弯地板的可能。

2. 育雏条件

（1）温度　温度是火鸡育雏的首要条件，不同日（周）龄的火鸡育雏温度调节见表 4—9。

表 4—9　火鸡育雏温度

| 日（周）龄 | 育雏器温度（℃）<br>（距伞下 5 厘米处） | 舍内温度（℃） |
|---|---|---|
| 1 日龄 | 38 | 24 |
| 2 日～1 周龄 | 35～37 | 21～23 |
| 2 周龄 | 32～35 | 21 |
| 3 周龄 | 30 | 19 |
| 4 周龄 | 27 | 18 |
| 5 周龄 | 24 | 17 |
| 6 周龄 | 21 | 14～16 |

（2）湿度　育雏前 10 天相对湿度应保持在60%～65%；以后随着火鸡雏体重的增加，排粪量及呼吸量也增加，雏舍内湿度加大，这时应注意通风和换垫料，舍内湿度应保持在55%～60%。

（3）通风　雏火鸡代谢旺盛，呼吸快，排泄量也大。产生很多的有害气体，如二氧化碳、氨气、硫化氢等有害物质，因此舍内必须保证空气流通，将二氧化碳的含量控制在 0.2% 以下，氨的浓度要求 10～20 克/米$^3$ 以下，硫化氢浓度不超过 6.6 克/米$^3$。

（4）光照　光照的时间和强度对雏火鸡的生长发育、食欲、消化吸收、代谢和其后的性成熟时期都有很大影响。光照时间长，且强度大，鸡雏发育快，性成熟早，开产早，产蛋率低；光照过短和强度小，则发育迟缓，采食和饮水量减少。密闭式育雏舍用人工控制光照。时间和强度见表4-10。

表4-10　火鸡育雏光照时间

| 日（周）龄 | 光照时间（小时） | 照度（勒克斯） |
|---|---|---|
| 1～2日龄 | 24 | 50 |
| 3～4日龄 | 20 | 50 |
| 4～14日龄 | 18 | 25 |
| 3周龄 | 17 | 10 |
| 4～6周龄 | 16～17 | 10 |
| 7～8周龄 | 14 | 10 |

（5）密度　合理的饲养密度是保证火鸡群健康生长、良好发育的重要条件。具体的饲养密度应根据实际情况而定，地面平养密度应小些，网上平养密度可大些。

3. 饲养管理要点

（1）及时开食与饮水　火鸡雏孵出后应尽早供水和饲料，一般不超过24小时。具体做法是先在水槽或水盘中放上一些深色石子，以便于视力较弱的雏火鸡进行识别，然后把雏火鸡引到水槽边，让其接触一下水源。雏火鸡饮水后即可开食。开食饲料可直接用配合饲料，还可利用火鸡嗜好葱、蒜类的本能，把韭菜、葱、蒜切碎拌入料中，以引诱雏火鸡学会采食。

（2）增设围栏　为使火鸡不盲目乱窜和远离热源，一般在热源附近增设围栏，围栏可围成一圈，也可围成多格分成小群。随着雏火鸡日龄的增大，应将围栏逐渐放大。

（3）断喙和去肉垂　断喙可以防止啄癖，减少饲料浪费。断喙时间一般在10～14日龄，断喙的尺寸是上喙断去1/2，下喙断去 1/3，形成上短下长的喙状。在雏火鸡出壳的当天最好用剪刀剪去头顶部的肉垂。如不剪去，肉垂会逐渐长大，影响火鸡的视线，从而妨碍采食、饮水等活动。

（4）饲喂方式　雏火鸡应采用自由采食和饮水饲喂方式。一般 3 日龄前每隔 2～3 小时添加一次新料，在每次添加新料前要把剩料清理出去，以后逐渐减少饲喂次数，增加喂料量。火鸡喜欢吃韭菜、葱、大蒜等青绿饲料，可将青绿饲料切碎后拌在饲料中饲喂，既补充了维生素和微量元素，又满足了火鸡的食草习性，对火鸡的生长发育非常有利。

4. 免疫程序

10 日龄进行新城疫Ⅱ系弱毒疫苗滴鼻 1：20 稀释，每只 1 滴。1 日龄起供给加青、链霉素饮水。第一次新城疫Ⅱ系弱毒疫苗免疫 25 天后，再做第二次免疫。第二次免疫 30 天后再做第三次，以后每 3 个月做一次。以 1：20 的浓度稀释进行喷雾免疫。

出雏后 3 个月进行鸡痘免疫接种。

**二、火鸡育成期饲养管理**

种火鸡育成期一般指 9～28 周龄。这一时期，通常喂给全价饲料，满足对环境的基本需求，按时预防接种，就能养好火鸡。

在种火鸡的育成期，一般分为 2 个阶段；第 1 阶段（9～18 周龄）为火鸡生长阶段；第 2 阶段（18～28 周龄）为限制生长阶段，即后备种火鸡阶段。

1. 生长阶段的饲养管理

（1）生长发育特点　增重速度快，9～12 周龄主要是骨骼和内脏器官的增长，13 周龄以后，肌肉的增长速度加快，特别是胸部肌肉的增长速度加快。

（2）喂饲方法　在这一阶段应该供给火鸡充足的饲料，任其自由采食。小型饲养场可采用少喂勤添的方法。饲槽高度应与火鸡背部相平，否则，会造成饲料浪费。

（3）饲喂方式　饲喂方式分为两种：一种是舍饲；另一种是

放牧加补饲。舍饲一般采用地面垫料平养的方法，饲养密度每平方米大型火鸡 3 只，中型火鸡 3.5 只，小型火鸡 4 只，如果没有舍外运动，饲养密度可适当加大。

在有条件的地方，可以采用放牧饲养，让火鸡在阳光下自由自在地啄食青草和虫类，再补充一些精饲料。

（4）光照　公母火鸡都可以采用 14 小时连续光照的程序；光照强度为 20 勒克斯。在开放式鸡舍应充分利用自然光照。

2. 后备种火鸡的饲养管理

（1）光照控制　进入后备种火鸡阶段的公鸡，一般采用 12 小时连续光照，强度为 10 勒克斯。而母火鸡在这一时期应采取缩短光照时间的方法，以控制其过早性成熟。在密闭式的鸡舍里，窗户、门和出气孔都应用挡板或其他遮挡设施，防止自然光进入鸡舍。19～22 周龄每天光照 8 小时，22～25 周龄每天光照 7 小时，25～28 周龄每天 6 小时光照。此期的光照强度应为 10～20 勒克斯。

（2）加强母火鸡的运动　为防止此期母火鸡体内沉积脂肪，应每天驱赶 4～5 次，尤其是在后备种鸡的最后阶段，显得更为重要。

（3）限制饲喂　目的是使火鸡的身体发育和生殖系统的发育成熟协调起来，从而使种火鸡在产蛋期的产蛋率、蛋重和饲料转化效率有所提高。

**三、种火鸡产蛋期的饲养管理**

火鸡的产蛋期一般指 29 周龄到产蛋结束这段时间。火鸡从 30～31 周龄开始产蛋，到 54～57 周龄产蛋结束。

1. 种火鸡的选择

（1）公火鸡的选择　具有足够的体重、脚腿粗壮有力，脚趾平直无弯曲，有雄性特性，肩背部要宽，胸部要宽而深。

（2）母火鸡的选择　应选择那些羽毛发育好，背平尾直和地面成 35°～40°的角，胸线和背线趋于平行，裆宽，腹部柔软的母鸡作种用。

2. 饲养条件

（1）光照 种母鸡在产蛋阶段的最佳光照时间是 14 小时，光照强度为 100～150 勒克斯，最低不能少于 50～70 勒克斯，种公鸡的光照一般采用 12 小时连续照射，光照强度不能超过 10 勒克斯。

（2）饲养密度 公火鸡每只一般占地 1～1.5 平方米，母鸡每平方米饲养 1.5～2 只。

（3）环境 火鸡产蛋期的适宜温度是 10℃～24℃。适宜在较干燥的环境，相对湿度为 55%～60%。

（4）喂饲制度 产蛋期采用自由采食，保持桶内常有料，天气炎热时，应提高饲料中蛋白质、能量、钙、磷等营养水平。同时注意应有干净、清洁的饮水供给。

## 四、商品用火鸡的饲养管理

火鸡是各类畜禽中产肉效果最好的珍禽。在工厂化饲养条件下，从初生雏 57 克经过 14 周可长到 5 千克，料肉比为（2.3～2.5）∶1，胴体屠宰率高达 81%～88%，而肉鸡为 66%～70%；猪为 60%～72%；肉牛为 50%～55%。

1. 育雏管理 公火鸡的育雏阶段是 1 日龄到 9 周龄，母火鸡育雏阶段是 1 日龄到 7 周龄。采用无窗式鸡舍。有供暖设施，采用育雏伞育雏。其他温湿度等条件与种火鸡育雏相同。

2. 育肥管理 采用密闭式鸡舍或棚式鸡舍。多采用棚式鸡舍，自然通风，冬季将塑料窗帘放下保持舍内温度。最好采用颗粒料，以减少浪费。

3. 光照 一般采用间断性光照制度，1 日龄 24 小时光照；而 2～14 日龄每天黑 1 小时，光照 23 小时，强度为 60～70 勒克斯。15 日龄到上市期间采用 1 小时光照，3 小时黑暗的周期，光照强度最低为 20 勒克斯。

4. 饲养密度 最大饲养密度为每平方米 30 千克体重。如果饲养密度过大，火鸡则生长速度减慢，饲料转化率低，死亡率高，生产成本上升。

# 第五节　野　　鸭

野鸭是一种候鸟，它们是家鸭的祖先，野生条件下分布很广。目前，人工饲养的野鸭绝大部分来自美国。我国 20 世纪 80 年代从美国引进绿头鸭，经过引种试养和适应性训练，已初步取得成功。

成龄雄性野鸭头颈绿色，且有金属光泽，最大特征是有一个狭窄的白色颈环，臀部与尾部黑色；雌野鸭全身为一致的棕色羽毛，头与腹部颜色较深，身体杂色。无论雄野鸭或雌野鸭，其翅膀上均有蓝色闪光的翼斑，翅膀前后均有白色镶边，是该品种特征之一。

野鸭具有喜水性、合群性、耐寒性、杂食性，以及具有较强的飞翔能力。其肉质细嫩，美味可口，高蛋白，低脂肪，低胆固醇以及人体必需的氨基酸、脂肪酸和矿物质元素等特点，是优质的保健肉食品。

## 一、野鸭的生产性能和生长发育规律

1. 生产性能　成龄公鸭体长 50～60 厘米，体重 1.38～1.62 千克。性成熟较早，140～160 日龄开始产蛋，种母鸭年均产蛋量 100 枚以上，高者可达 150 枚，料蛋比为（3.5～3.8）：1。

2. 生长发育规律

（1）生长期增重　野鸭的早期生长极为迅速，1～7 周龄期间的绝对增重量平均为 142.4 克，其中 2～3 周龄期间的生长最迅速，周绝对增重量达到 191.1 克。9 周龄以后的生长速度明显减慢，每周的绝对增重量不足 50 克。

（2）羽毛更换　野鸭从孵出后到长成期间一般经过绒羽、幼羽和青年羽 3 个羽毛发育阶段，其中，在幼雏期（0～4 周龄）为绒羽更换到胸腹部幼羽长出；在育成期（4～10 周龄）为幼羽在头、劲、肩、背、尾部长出，翼羽着生；在成熟期（10 周龄到性成熟）为幼羽脱换为青年羽阶段，野鸭在 80 日龄后开始学飞行。

**二、繁育**

1. 选种方法

（1）种母鸭选择  头部清秀，颈细长，眼大而明亮，胸前饱满，腹深，臀部发达，脚稍高，两脚间距宽，蹼大而厚，羽毛紧密贴身，行动灵活，觅食力强，肥瘦适度，皮肤有弹性，两趾间距离宽，末端柔而薄，耻骨与胸骨末端的间距宽阔。喙、胫、蹼的色泽鲜艳。

（2）种公鸭选择  喙宽而直，头大宽圆，颈粗中等长，胸部丰满向前突出，背长而宽，胸深但不垂地，脚趾稍短，两脚间距宽，体形大，头和颈上部的羽毛和镜羽应具有鲜明的翠绿色光泽，雄性羽应发达，明显向背部弯曲。

2. 公母配比和利用年限

（1）公母配比  绿头野鸭的公母配种比例通常为 1∶（6～8）。

（2）利用年限  绿头野鸭的利用年限为 2～3 年，其中第 2 年的产蛋量最高，第 1 年和第 3 年的产蛋量次之。

**三、幼雏期的饲养管理**

幼雏期是指从孵出到 4 周龄的小鸭，此阶段是野鸭生长发育最快最重要的基础阶段，须要精心饲养管理。

1. 育雏方式

（1）地面平养育雏  育雏室地面铺上 3～5 厘米厚的垫料，垫料常用的有碎稻草、锯末等。房舍和地面在育雏前均应消毒。地面可用铁丝网隔成约 2 平方米的小栏，每个小栏可放养 50～60 只雏鸭，小栏上方挂保温灯。勤换垫料，保持清洁干燥，1 周后随着小雏的长大，应疏散密度，并可逐渐合群饲养。

（2）网上平面育雏  在离地面 70～80 厘米高处架上铁丝网

或塑料网，网眼为 1 厘米×1 厘米。这种方法既节省垫料又不与粪便接触，减少鸭雏感染疾病的机会，存活率高。

（3）立体网箱育雏　网箱尺寸为 90 厘米×60 厘米×30 厘米，底网采用孔眼 1 厘米×1 厘米的电焊网，共分 3 层，底层箱底距地面 30 厘米，上下两箱间距 10 厘米。供暖方式采用电动散热器，自动恒温控制整个育雏室。此法可提高房舍的利用率。

2. 育雏环境

（1）温度　1 周龄内要求温度为 30℃～33℃，以后每周降低 2℃～3℃，至脱温为止。春秋季一般 3 周脱温，夏季 2 周脱温。

（2）湿度　育雏期相对湿度要求为 60%～65%。

（3）光照　1～3 日龄应保持 24 小时光照，4～14 日龄采用 16 小时光照。光照强度第 1 周每 20 平方米为 60 瓦，第 2 周每 20 平方米 40 瓦，第 3 周后采用自然光照。

（4）密度　正常饲养条件下其饲养密度为：0～1 周龄 25～30 只/米²，1～2 周龄 20～25 只/米²，2～3 周龄 15～20 只/米²，3～4 周龄 10～15 只/米²。

（5）通风　在保证育雏舍温度前提下，应加强通风，以排除室内二氧化碳、氨气等有害气体。

3. 进雏前房舍的准备　新雏舍用 10% 的生石灰乳粉刷墙壁，以 30% 的火碱水喷洒地面或用抗毒威、百毒杀等喷雾消毒。旧雏舍用福尔马林熏蒸消毒或福尔马林同高锰酸钾 2：1 混合，封闭门窗消毒 24 小时后，打开门窗放出残余气体，空舍 7～10 天。消毒时温度不低于 25℃，相对湿度为 70%～75%。雏舍在进雏前 24 小时预加温，至雏鸭进入育雏室时室温达 33C。

4. 饲喂管理　雏鸭孵出后 24 小时内选择羽毛光亮、健康活泼的强雏，进入育雏室稳定 0.5 小时后，喂给 0.01% 的高锰酸钾水。如果是长途运来的鸭雏，应先饮用 5% 葡萄糖水或蔗糖水，水温以 20℃～23℃ 为宜。一般第 1 天饮温水，以后饮常温水。饮水器要定期消毒。饮水后即开食，开食料用浸泡过的碎米或小米；也可用全价料用温水拌潮撒于垫纸或喂料板上诱食。2天后饲料应放在料槽中饲喂。投料时要做到少给勤添，以防止高温下酸败或降低适口性及营养价值。野鸭育雏期的增重及饲料消耗见表4—11。

表4—11　野鸭育雏期生长速度及耗料量

| 项目 | 1周龄 | 2周龄 | 3周龄 | 4周龄 |
|------|-------|-------|-------|-------|
| 体重（克） | 109.5 | 260.7 | 451.8 | 613.2 |
| 周增重（克） | 69.3 | 151.2 | 191.1 | 161.4 |
| 增重速度（克） | 9.9 | 21.6 | 27.3 | 23.1 |
| 周耗料 | 119 | 350 | 490 | 560 |

5. 适时放水　野鸭属于水禽，因此，为适应其野生状态下的生物学习性，可设立水池，在天气晴朗和气温达25℃以上时，可考虑放水，要保证水质清洁。冬季寒冷时可停止洗浴。

6. 免疫和投药　建议1～2日龄用链霉素加水喷雾，每只雏鸭1000～2000国际单位，每天1次，连续2天。3～5日龄以万分之三的青霉素饮水，7日龄用鸭病毒性肝炎疫苗进行首次免疫，1个月后第二次免疫。另外应搞好环境卫生，加强通风，防止潮湿积水，食槽和水槽应每天冲洗，发霉垫草及饲料应禁止使用。对于已感染的雏鸭应及时隔离治疗。饲料中加入0.2%的硫酸铜，连用3～5天，可减缓曲霉菌中毒，降低霉菌性肺炎的发生率。

**四、育成期饲养管理**

野鸭育成期一般指4～10周龄期间。此阶段是野鸭体重增长的关键时期，这一阶段饲养如何，将直接影响种鸭的质量和商品鸭的产肉率。

1. 饲养方式　要求地面平养。一般由野鸭舍、运动场和水场组成。鸭舍可用石棉瓦建造，能避风挡雨即可，运动场和水场要用尼龙网或渔网围起来，水场水深1米左右即可。

2. 饲养密度　野鸭育成期间，群体不宜过大，否则相互干扰、欺压，影响生长发育，一般群体以 300 只左右为宜。

3. 饲喂方式　一般为自由采食和饮水，饲料要求营养全价，每天饲喂量 80～90 克/只，日喂 4 次，此外，饲喂青饲料十分必要，一方面可补充精饲料中某些养分的不足，另一方面可节约饲喂成本。

4. 加强洗浴　育成期应特别注意加强洗浴，因洗浴可增加运动，对骨骼、肌肉和羽毛十分有利。育成期野鸭的洗浴时间可逐渐加长，到育成后期可自由下水和自由洗浴。育雏结束后不够种用标准的野鸭，进入育成期饲养的目的是作商品鸭，应对其控制洗浴。因洗浴会消耗能量，不利育肥，降低饲料转化率。

**五、成熟期的饲养管理**

种野鸭成熟期一般指 10 周龄至产前这段时间。此期野鸭的体重增长缓慢，而性成熟加快。为防止野鸭过早性成熟，提高产蛋量和种蛋合格率，在成熟期应限饲，日粮蛋白质水平可控制在 11% 左右，喂料量为 90 克左右，喂料次数为每日 2 次。光照时间应该控制，通常只采用自然光照，在开产前 3～4 周应进行一次彻底的清扫和消毒，并进行免疫接种，加强饲养管理，逐渐将成熟期料换为种鸭料，为种鸭产蛋做好准备。

**六、产蛋期饲养管理**

产蛋期种鸭营养除维持本身的基本生理活动外，主要用来满足蛋形成的需要，所以必须加强该时期的饲养管理。

1. 产蛋规律　野鸭产蛋时间多集中在上午 8～10 点，其次是 18 点到早上 8 点，据此规律，早上应提前 2 小时拣出种蛋。野鸭的产蛋时间和停产时间均与年龄和气候有关，一般第二年开产时间早。春季温度回升快则开产时间早，南方比北方开产时间早。

2. 加强营养　产蛋期要增加饲料中蛋白质的配比，蛋白质水平应达到 15% 以上，尤其添加一定比例的动物性蛋白饲料；并提高日粮中钙、磷的含量，要求钙达到 2.5%～3.0%，总磷不低于 0.6% 或有效磷不低于 0.35%；注意添加多种维生素或优质青绿饲料。

3. 增加光照时间　一般采取自然光照和补充人工光照。在12月份开始逐渐增加光照时间达 16～17 小时，并将该光照时间维持到产蛋结束为止。

4. 保持鸭舍安静　野鸭产蛋期要求安静、舒适的环境，应尽量减少人、汽车、野生动物等外界因素的应激影响。否则引起惊群，影响产蛋率和种蛋质量。

5. 维持环境条件的相对稳定　野鸭对环境的变化非常敏感，要保持环境的相对稳定，如定人定群、定时放水、按时饲喂等。

6. 饲养方式及密度　饲养方式同育成鸭一样。饲养密度为每平方米 3～4 只。

7. 饲喂制度　产蛋期应自由采食和饮水，日喂料 3 次，可能的情况下产蛋高峰期晚上加喂一遍料。野鸭产蛋期日平均采食量125 克左右，在炎热的夏季采食量有所下降，此时应提高日粮的营养素含量，以保持产蛋的营养需要。

8. 维持健康　产蛋期是野鸭繁殖功能最旺盛、代谢最强烈、合成蛋白最多的时期，鸭体处于巨大的生产应激之下，抵抗力较弱易于得病。因此，应特别注意环境卫生，使鸭群不受到病原微生物的感染。

9. 防止应激　在产蛋高峰期，鸭体已受到相当的内部应激，如再出现并群、转群、驱虫等，会使鸭体处于多种应激之下，这样会使产蛋量急剧下落，以后很难恢复到原先的高水平，产蛋量会出现大幅度消减。

# 第六节　鸵　　鸟

鸵鸟是现存鸟类中体形最大的鸟，不能飞行，成年公鸵鸟体重120～150 千克，母鸵鸟约 120 千克，体高 1.75～2.75 米。头小、眼大、颈长、腿长而粗；足具二趾，是世界上现有鸟类中唯一的两趾鸟。具有非常好的视觉，其瞬膜（第三眼睑）能阻挡沙砾和保护眼睛。鸵鸟上颈部 3/4 处及大腿无羽毛，其中公鸵鸟下颈部、躯体及整个翅膀的羽毛呈黑色，而母鸵鸟则呈浅棕灰色。大多数公鸵鸟在颈部裸毛下缘还有一圈白色毛，以及白色的翅膀和尾羽，而母鸵鸟相应部位的羽毛颜色没有那么明显。

鸵鸟有一个庞大的腺胃，而没有嗉囊。其盲肠、大肠发达，能消化大量的纤维性饲料。能采食多种青草，也能采食树木的青绿部分。一般雌鸵鸟在 2～2.5 岁、雄鸵鸟 3～4 岁可达性成熟，雌鸵鸟在 18 月龄开始产蛋。野生状况下每窝产蛋 8～15 枚；在驯养条件下，雌鸵鸟产下的蛋及时被取走，产蛋量较高，最高可达 135 枚。鸵鸟每周平均产蛋为 1.5 枚，最高为 4 枚，蛋重一枚为 1100～1800 克。鸵鸟繁殖时间很长，可持续繁殖至 42 岁。

鸵鸟具有喜群居和沙浴的特性，同时还具有领地性，所以在饲养时，种鸵鸟应分组饲养，各栏之间尽量减少干扰。

鸵鸟的羽毛主要用于高质量掸子、时装、汽车工业及玩具业；鸵鸟皮是最名贵的皮革之一；鸵鸟肉蛋白质含量为 20.7%，而胆固醇含量仅为 37.6～62 毫克/100 克，肌肉脂肪含量低于 0.5%，但肌肉脂肪含亚油酸达 16.5%。

## 一、雏鸵鸟饲养管理

雏鸵鸟是指 3 月龄以前的小鸵鸟。该阶段是整个生长发育最重要的时期，在饲养管理上也是要求技术和经验最强的一环，必须加以重视。

1. 生长发育特点

（1）生长速度快　出壳时体重约 0.8 千克，到 3 月龄时体重可达 22 千克，增重约 27 倍。

（2）消化系统不完善　对粗纤维消化能力弱，直到 4 月龄时，才接近成龄鸵鸟的消化能力。

（3）免疫力弱　出壳后不久，母源抗体逐渐耗尽，自身的免疫功能尚未建立起来，对外界病原抵抗力差。

（4）体温调解能力差 雏鸵鸟被毛疏短，没有绒毛，缺少皮下脂肪，保温能力差。

2.育雏方式 集约化育雏：将雏鸵鸟按一定数量分群（15～25只/群），饲养于带有运动场的育雏室内，在室内设有保温、通风及卫生设施。运动场为水泥或沙粒。饲喂全价配合饲料或人工补喂一定的青绿饲料。我国鸵鸟育雏全部为这种方式。

3.育雏条件

（1）温度 温度是育雏的重要条件，适当地保温是取得雏鸵鸟较高存活率的关键。详见表4—12。

表4—12 鸵鸟育雏的推荐温度（℃）

| 周龄 | 保温区温度 | 室温 |
| --- | --- | --- |
| 1 | 35～30 | |
| 2 | 33～28 | 26 |
| 3 | 31～26 | 24 |
| 4 | 29～24 | 22 |
| 5 | 27～22 | 22 |
| 6 | 25～20 | 20 |
| 7 | 25～20 | 20 |
| 8 | 25～20 | 18 |
| 9 | 23～18 | 18 |

（2）湿度 通常育雏湿度应保持在55％～70％较为适宜。

（3）通风 为排出雏鸵鸟粪便所产生的氨气等有害气体，在保湿的同时，应保持良好的通风条件。

（4）光照 适宜的光照可增强雏鸵鸟的代谢，促进骨骼发育。在温暖季节，出壳2周后可放到运动场接受自然光照和运动；寒冷季节，则应推迟到3周以后。

4.饲喂和饮水 雏鸵鸟出壳后，体内贮存着营养丰富的卵黄，可满足其 3～5 天的营养需要。因此，出壳后 5 天以内，雏鸵鸟不摄入饲料对其没有太大影响。出壳后雏鸵鸟 72 小时开始诱导采食。最好的方法是用一只较大的会采食小鸵鸟带其他的雏鸵鸟采食。对卵黄吸收不好的雏鸵鸟应推迟开食时间。饲喂雏鸵鸟时应遵循少喂勤添的原则，在配合饲料中拌一些青绿饲料一起饲喂。青绿饲料必须鲜嫩，不宜用含木质素较高的草类，否则易导致前胃阻塞。

雏鸵鸟的饮水必须供应充足，并保持水质清洁，3 周龄前使用饮水器饮水，3 周龄以后，则用水盆饮水。

5. 日常管理

（1）运动　1 周龄后的雏鸵鸟，应定时放在育雏室内运动，2 周后定时放在运动场内运动。运动时间应逐渐增加，循序渐进。

（2）观察　每天应观察雏鸵鸟的精神状态，采食情况、饮水情况、排便情况，发现异常及时分析原因，并作好适当处理。

（3）清洁卫生　严格的清洁卫生是取得育雏成功的重要一环，雏鸵鸟从出雏器取出后，头 3 天每天用碘酊消毒脐部。每天多次清除粪便，每周对育雏室及运动场全面消毒 2 次。消毒药应交叉使用，以提高消毒效果。

**二、生长鸵鸟的饲养管理**

生长鸵鸟是指 3～14 月龄的鸵鸟。此期鸵鸟的生长发育特点是：消化系统逐渐发育完善，能消化较多的饲料纤维。6 月龄前，生长潜力大，增重快；6 月龄后，生长速度减慢，饲料转化率降低。其原则是：6 月龄前充分饲喂，发挥其最大的增重潜力，配合饲料及青饲料任其自由采食，保持适宜的饲料粗纤维含量；6 月龄后，配合饲料限量饲喂，青饲料自由采食，配合饲料可具有较高的粗纤维水平，充分开发其耐粗饲的特性，降低饲养成本，节约粮食。特别对于后备种用生长鸵鸟，更应注意此期的限制性饲养。

饲养方式主要采用放牧饲养、集约化饲养。在我国主要采用集约化饲养。将 30～40 只生长鸵鸟饲养于有限面积的栏舍内，饲喂全价配合饲料及青饲料。采用这种方式，鸵鸟生长速度快，8～9 月龄即能达 100 千克屠宰体重，但花费劳动力多，饲养成本高。

### 三、种鸵鸟的饲养管理

饲养种鸵鸟的目的是为了获得量多质优的种蛋，因此，种鸵鸟的饲养管理应以提高产蛋和受精率为中心。

（一）饲养方式

在我国多采用集约化饲养。将鸵鸟按适当的雌雄比例分组，饲养于运动场内面积有限的栏舍内。种鸵鸟完全饲喂商品化的全价配合饲料，并补饲人工青饲料，每位饲养员管理数组种鸵鸟，每天定时饲喂，清扫，并及时收集所产种蛋和做好记录。这种饲养方式，可获得较理想的产蛋量和孵化率，但花费人力较多，饲养成本较高。

1. 雌雄配比及配种方法　种鸵鸟雌雄配比以 2：1 较为适宜。配种方式包括自然交配和人工选配两种方法，一旦雌雄配种成功，就不能轻易调换。另外，不同组别栏舍间，最好有遮网隔开，以免雄鸵鸟之间打斗，干扰配种，影响种蛋受精率。

2. 饲喂与饮水　饲喂应以多采食青粗饲料，防止过肥为原则。一般来说，种鸵鸟每天投喂青饲料 4 次，配合饲料 2～4 次。青饲料质量好，种鸵鸟爱吃，可每天投喂 2 次；青饲料质量较差，适口性不好，则每日投喂 4 次，并将精粗饲料进行混合饲喂，以提高青饲料的采食量。

种鸵鸟的饮水设施采用水阀控制自动饮水，这样既卫生又及时。

3. 助产　初产雌鸵鸟由于生殖道狭窄，有时发生难产。因此，当雌鸵鸟长时间表现产蛋动作而没有蛋产出时，应检查是否难产。发生难产时有两种处理方法：一是使用催产素促进鸵鸟子宫收缩；二是将手伸于阴道，用铁凿打破难产蛋，但此法较麻烦，术后需要护理较长时间。

4. 休产　在我国北方地区，冬季较寒冷，种鸵鸟会自然休产2～4个月。但是在我国南方地区，鸵鸟一年四季均可配种产蛋，仅在雨季和炎热夏季产蛋有所下降，为了保持种鸵鸟体力，延长使用年限，提高种蛋的数量和质量，必须对其实行人工休产。休产方法是：雌雄鸟分开，配合饲料喂量减少，改喂营养水平较低的配合饲料，使产蛋停止。休产期一般为45～60天，休产时间应选择雨季较多或炎热季节，这时鸵鸟蛋量少，受精率低，经济损失较小。

（二）日常管理

1. 卫生消毒　每年的春夏季，气候温和，雨水多，湿度大，最适合于各种病菌繁殖，应注意饲料和运动场的卫生。在秋冬季节，气温较低，这时期的配合饲料可贮存较长时间，环境的消毒间隔时间亦可延长。种鸵鸟因长期生活在栏舍内，故使用的消毒药物应为毒性及腐蚀性较小的，常用的有百毒杀，石灰等。并选择早晨有露水时进行消毒。

2. 饲养观察与记录　观察和记录的主要内容包括鸵鸟的精神状态，采食和饮水情况，粪便状态、配种情况、产蛋情况、蛋重、蛋壳质量以及种蛋编号等。

# 第七节　大　　雁

大雁又称野鹅，是鸭科、雁属中的鸿雁、灰雁和豆雁等的总称。为大型候鸟，主要分布在内蒙古、东北三省及江苏等地，是我国重要的水禽之一。

大雁性情温驯，易于饲养，草食性强，饲养成本低，生长速度快，料肉比为2.5∶1，饲养60天可使体重达5千克以上，其肉为高蛋白、低脂肪及富含微量元素的理想野味珍品。

大雁属于较大型鸟类，它们雌雄外貌相似，嘴的基部较高，嘴和头的长度几乎相同，上嘴的边缘有强大的齿状突起，嘴角强大。鼻孔纵长，位于嘴的中部或稍向后处；翅长而突，第三根初级飞羽最长，第五根最短，翼角有一骨节。尾圆，多由16～18根尾羽组成。跗蹠部长度适宜而且健壮，换羽后羽毛鲜艳，磨损后变暗，多数呈淡褐色，斑纹不清。

大雁适应性很强，常栖息在水生植物丛生的水边或沼泽地、湖泊及附近的沙地、草滩、旷野，也可生活在山区或林中。以植物性饲料为主，还采食些贝类、螺类等。具有喜水性、合群性、机警性、迁移性等生物学特征。

大雁具有良好的食用价值，肉味鲜美，烹调后味香肉嫩，蛋白质含量高达20.98％，脂肪含量为10.62％，富含人体必需的维生素和微量元素，是上等的野味保健品。同时具有一定的药用价值。其羽毛可作羽绒服、羽绒被等填充材料，较硬的羽毛可用来加工成扇子或玩具等。

大雁在野生状态下，繁殖特点是一雄一雌终生配对。人工饲养条件下，可一雄配多雌。

**一、育雏期的饲养管理**

雏雁是指孵化出壳至1月龄的小雁。刚出壳的雏雁生长速度快，消化道容积小，对饲料消化能力弱；绒毛稀少，抗寒能力差，对外界环境的适应性及对各种应激的抵抗力弱。若饲养管理不善，易被压死或因疾病而造成死亡，所以育雏时须精心饲养。

1. 初饮　第一次饮水称为初饮。目的是刺激食欲，促进胎粪排出。初饮最适当时间是雏雁绒毛已干，能行走自如，开始啄食垫草时。初饮时将0.01％的高锰酸钾水溶液放入平底的水盆中，水温为18℃～25℃，水深以刚好淹没雏雁跖部（大约1厘米）为宜。将部分雏雁的嘴放入水中，让其学会饮水。

2. 开食　初饮以后，当雏雁有啄食行为时即可开食，大约在出壳后24～36小时内，开食的饲料用经过清洗并浸泡过的碎米和切碎的菜叶。碎米和菜叶的比例为1∶2～3。将饲料均匀撒在已消毒的垫料布上或塑料布上，让其自由采食，个别不会采食的雏雁须人工调教，开食时间大约为 30 分钟，以吃八分饱为宜。开食后要定时饲喂，要少喂勤添，使其养成按顿吃食的习惯。

3. 饲喂　1～3 日龄，饲料中不要含有脂肪多的动物性饲料；4～10 日龄，可在饲料中加一些煮熟的蛋黄或优质鱼粉或脂肪含量低的植物性蛋白饲料；头 15 日龄，精料全部采用碎米，每天饲喂 9～10 次，每次间隔 2 小时，饮水不少于 2～3 次。15 日龄后，精料中可增加大麦、稻子，分别浸泡 8 和 24 小时才能饲喂。雏雁阶段，若有条件用配合饲料效果会更好。

4. 放牧　若气候温和，雏雁 4 日龄就开始放牧，让其自由采食嫩草。开始时间要短，路程要近，白天可放牧 5～6 次，晚上回舍饲喂 2～3 次。

5. 管理技术

（1）保温防湿　雏雁怕寒，应注意保温。1～7 日龄，适宜温度为 30℃～36℃；8～14 日龄，为 26℃～24℃；15～30 日龄，为 24℃～20℃；对于弱雏冬季夜间可提高 0.5℃～1℃。无论是自温还是加温育雏，温度必须稳定。

（2）分群防压　雏雁应定期按强弱、大小分群，并将病雏及时挑出隔离。加强饲养管理，尤其在夜间或温度较低时，要经常检查，以防压死。15 日龄前每群以 30～50 只为宜，密度为每平方米 15～25 只；15 日龄之后每群为 80～100 只，密度为每平方米 80～100 只。

（3）卫生防疫　饲料要求新鲜，无霉叶、黄叶，清洗干净；碎米应进行淘洗；保持舍内空气新鲜；及时进行小鹅瘟疫苗注射，防止猫、狗、鼠等动物的入侵，保持环境安静，减少应激。

**二、大雁育成期饲养管理技术**

1 月龄以上未进入繁殖期的雁，称为育成雁或中雁。中雁的消化能力增强，采食量增大，对外界适应性强，是骨骼、大羽、肌肉迅速生长阶段。

1. 放牧　在放牧前，应对大雁进行断翅，割去一侧掌骨和指骨部分。包扎好伤口，一周后检查愈合情况，已经愈合的去掉包扎物，进行放牧、放水。

放牧场应选择有足够数量的青绿饲料，还要有一定数量的谷物类饲料，草质要求比雏雁低。放牧时应将大、中、小雁分群，以免影响采食。放牧时间应选择早晚。中午赶往树荫下休息。每次吃饱后应放水，天热时增加放水次数。放牧条件差的，可以割草，并安排放水时间。

2. 补料　当大雁长出主翼羽后，应选择体形较大、体质强健、体躯各部位发育匀称、头较大、嘴粗短、颈粗长、胸宽深、背腹平整、腿长适宜且腿间距离大的留种用。留种的大雁可分为前期、中期、后期3个阶段补料。

（1）前期　前期为1～2个月，此期要求补料要充足，适当增加精料，减少粗料，保证生长发育迅速和第一次换羽。以全饲料为主结合放牧，喂料要定时但不定量，每天饲喂3次。

（2）中期　中期为2～4个月，以放牧为主，适当补料，实行限制饲喂，不能过早。主羽毛完全长齐后，再加入粗饲料进行粗饲，既能控制雄、雌雁的生长及性成熟，锻炼胃肠功能，提高消化能力，又能防止雌雁过肥及提前开产，使雁群开产一致，延长种用年限。饲喂要定时、定料、定量，每天喂2次。

（3）后期　后期大约1个月。饲料由粗变细，促进生殖器官发育。采取定时、不定量、不定料的饲喂方式，每天喂2～3次。饲料主要是谷糠、米糠、麸类、黄豆叶粉、玉米秸粉、苜蓿草粉、玉米秸等，混合后用水泡软饲喂。后备雄雁开产前应有充沛的体力和旺盛的性欲。保持舍内垫草清洁、干燥，供给充足的饮水。

### 三、种雁的饲养管理技术

种雁是指开始产蛋的雌雁和开始配种的雄雁。饲养繁育的大雁，其发情配种时间因驯养大雁的时间长短而定，一般在出壳后的第二年或第三年春季。此时，大雁的生长发育已基本完成，对饲料的消化能力增强，已完成第二次换羽，生殖器官发育成熟并开始繁殖。种雁的饲养管理可分为繁殖准备期、产蛋期和停产期。

1. 繁殖准备期　大雁开产前一个月称为繁殖准备期。此时应根据大雁的体质、脱换新羽的状况，适时补料，以提高体重，控制换羽，为产蛋作准备。补料仍以精料为主，为55％～60％，雄雌雁分开饲养，雄雁每天补3次，雌雁每天补2次。此期管理仍以放牧为主，炎热天气应早出晚归，中午注意防暑。

2. 产蛋期　为提高雌雁的产蛋量及雄雁的配种能力，此期应以"全饲为主，放牧为辅"为原则，适当补料，以精料为主，日粮中粗蛋白质含量应达到17％～18％，每天饲喂2～3次，晚上另加1次。补料是否适宜，应根据粪便、膘情及产蛋情况而定。若大雁的粪便粗大、松散、轻拨后分成几段，表明粗料与精料比例适当；大雁膘情若过肥，影响产蛋，应减少精料量。在管理方面应做到充分放水，因为大雁是在水面交配的，所以在繁殖期应多放几次水，尤其在雄雁性欲较强的上午，让种雁尽情在水面上游玩，达到配种的目的。另外，应使大雁养成定巢产蛋的习惯，防止随处产蛋，及时捡蛋并注意保存种蛋。产蛋期应注意适当补充矿物质饲料。

3. 停产期　雌雁产蛋至5～7月份后，产蛋明显减少，蛋形小，畸形蛋多，羽毛干枯，部分雌雁出现贫血现象；雄雁性欲下降，配种能力减弱，种蛋受精率降低，此时进入休产期。

此期的饲料应由精料改为粗料，转入以放牧为主的粗饲期。每天放牧，自由采食，不予补料。但在放牧条件差、草质不良或连雨天时应适当补饲。严冬季节，可充分利用白菜、萝卜叶、玉米秸粉、豆叶粉、青草粉等粗饲料拌入20％～30％玉米面维持饲养，在饲喂上投喂熟食，饮温水，适当补喂微量元素添加剂和维生素添加剂。

# 第八节 瘤头鸭

瘤头鸭又名番鸭，因其喙的基部和眼睛周围长有鲜红色的肉瘤而得名。现在的叫法有很多，如无声鸭、肉鸳鸯、飞鸭之类。

## 一、瘤头鸭的生物学特性及经济学特性

### （一）生物学特性

1. **杂食性** 瘤头鸭食性广，能觅食和广泛利用各种动、植物饲料。

2. **耐热性** 瘤头鸭耐热性强于耐寒性。

3. **合群性** 瘤头鸭合群性强，性情温驯，喜欢成群卧地休息。

4. **喜水性** 瘤头鸭属于水禽，觅食、求偶、交配及嬉玩常在水中。但在水源不足或干旱地区也能正常生长、繁殖，故有旱鸭子之称。

5. **就巢性** 瘤头鸭具有较强的就巢性，但不善于育雏。

6. **飞翔能力** 瘤头鸭翅膀矫健发达，仍保留有短距离飞翔的能力，能离地飞翔几十米至数百米远。

### （二）经济学特性

1. **生长快，性成熟早，饲料回报率高** 商品鸭 10～12 周龄，雄雌平均体重 2.5 千克，料、肉比为（2.8～3）：1，雌瘤头鸭 160～210 天开始产蛋，平均蛋重 70～80 克，雄瘤头鸭性成熟期比雌鸭推迟 10～15 天。

2. **屠宰率高，脂肪含量少** 瘤头鸭瘦肉率高达 85% 以上，肉质细嫩，鲜美可口，是理想的瘦肉型鸭。

3. **产肝性能好** 瘤头鸭是生产肥肝的最好品种。与北京鸭杂交 1 代，至 3～4 月龄经专门填肥，每只平均可产肥肝 500～700 克。

（三）繁殖特点

瘤头鸭一般 160～200 日龄开产，年产蛋平均 100 枚，在北方地区若能提供适宜的温度条件，一年四季可以产蛋、孵化、育雏。

自然交配时，雌鸭达 22 周龄，可按（6～8）：1 的比例放入雄鸭合群。种用雄瘤头鸭一般能利用 1 年，雌瘤头鸭一般利用 2 个产蛋期，农户养雌鸭一般利用 2～3 年，第 4 年必须淘汰。

**二、瘤头鸭的饲养管理技术**

（一）瘤头鸭育雏期饲养管理

1. 雏瘤头鸭的特点　雏瘤头鸭是指 6 周龄以内的小鸭。绒毛稀少，身体弱，体温调节能力差，须要人工调节温度，消化器官容积小，尚未健全，应喂给易消化的饲料。

2. 瘤头鸭的选择　应选择绒毛整齐有光泽，腹部大小适中，脐部收缩良好、嘴大腿粗、眼大有神、精神活泼的雏鸭。

3. 育雏方式　可分为平面育雏和立体育雏两种。方式与其他珍禽育雏一样。

4. 雏瘤头鸭育雏所需条件　为保证雏瘤头鸭正常生长发育，提高育雏成活率，必须创造适宜的环境条件，主要包括温度、湿度、通风、光照、密度、营养、卫生等环境条件。

（1）温度　刚出壳的雏鸭，由于腹内蛋黄还未完全吸收，神经系统和生理功能不健全，体温调节能力弱，因此应为其提供适宜的环境温度。育雏伞第 1 周为 30℃～28℃；第 2 周为 22℃～18℃，第 3 周为 26℃～23℃，第 4 周后为 22℃～20℃；室温前 2 周为 22℃～18℃，后 4 周为 18℃～16℃。

（2）湿度　刚出壳的雏鸭在较高育雏温度下，若湿度过小，雏鸭体内水分随呼吸散发而脱水，过于干燥容易引起较大灰尘，引发呼吸道和消化道疾病；反之，湿度过大，又会减少体内水分的散发，影响正常发育，使垫料过湿，易感染球虫病或曲霉菌病。适宜的相对湿度应为 60%，以人进入育雏室内无干燥感为宜。

（3）光照　适宜的光照可促进雏鸭采食、饮水及增加运动量，加速体内合成维生素D，促进骨骼生长及钙、磷吸收。因此，在育雏过程中要提供适宜的光照。第1周，光照24～23小时，光照强度为5瓦/米$^2$，2～6周，光照17～10小时，光照强度为2瓦/米$^2$。

（4）通风　雏鸭生长速度快，代谢旺盛，呼出的二氧化碳、粪便及垫草所散发出的氨气等有害气体会污染室内空气，影响其生长，所以要注意通风。通风时要注意不要使冷风直接吹到鸭雏身上，防止感冒。通风量随季节、饲养密度、气温高低，雏鸭日龄灵活掌握，以不影响正常保温为原则。夏季，每千克体重每小时通风量为10立方米，冬季，每千克体重每小时通风量为4立方米。

（5）密度　以瘤头鸭的平养密度为例，1周龄为24～20只/米$^2$，2周龄为22～20只/米$^2$，3～6周龄为18～14只/米$^2$。只有控制好密度，才能保证雏鸭有一定的活动范围，减少相互间的啄斗，保证采食均匀，发育整齐。

（6）营养　雏鸭生长快，必须保证全面、充足的营养，尤其注意满足雏鸭对蛋白质、矿物质和维生素的需求，并供给充足的清洁饮水。此外，还要定期注射疫苗，每天洗涮食槽、水槽，及时清除粪便，谢绝参观，切断传染源。

5. 瘤头鸭育雏期的饲养方法

（1）饮水　第一次饮水称为初饮，一般在出壳后24～36小时，最好饮0.01%高锰酸钾水以清理肠道。若经过长途运输的雏鸭，则需要饮5%的蔗糖水，水温与室温相近。

（2）开食　雏鸭初饮后1～2小时即可开食，开食早晚直接影响雏鸭的成活率。开食过早，大部分不会采食，会采食的引起消化不良；开食过晚，又会影响生长发育，增大死亡率。开食时把配合饲料或米饭拌湿后撒在塑料布上，开亮灯光，让其自由采食，要少喂勤添，以防饲料变质。2 日龄后，可将配合饲料与米饭拌匀饲喂。3 日龄后，可喂些小鱼、小虾等动物性蛋白饲料。7 日龄后，改喂雏鸭全价颗粒饲料，同时加喂青饲料。1～7 日龄每天喂 6～8 次，以后逐渐减少，4 周龄后每天喂 4 次。

（3）放水与放牧　具备放水条件的养殖场，放水可结合开水（雏鸭首次下水）同时进行，次数由少到多，时间由短逐渐延长，每次放水后让雏鸭休息、理毛。

雏鸭至 7 日龄后，若外界温度达到 15℃以上的晴天，可出外放牧。头 3 天在鸭舍周围，可放牧 10～15 分钟，以后逐渐延长。雏鸭放出前，先打开鸭舍窗户，使室内外温度平衡，防止感冒。放牧地宜选择水稻田、浅水河沟或湖塘等。

（4）日常管理　细心观察番鸭雏的状态、情况，检查温湿度等条件是否适宜，勤换垫草，为防止聚堆压死，可小群饲养，每群 100～200 只。每天清洗水槽、食槽、定期带鸭消毒。3 周后，雄雌鸭体重相差较大，可雄雌分群饲养，按时接种疫苗，保持环境安静，防止应激。

（二）瘤头鸭育成期的饲养管理

瘤头鸭的育成期是指 7 周至性成熟这段时间，前期生长发育快，新陈代谢旺盛，采食能力弱，为羽毛、骨骼、肌肉生长的主要时期，后期消化能力增强，采食量大、耐粗饲。

1. 商品瘤头鸭的饲养管理技术

（1）饲养方法　对于商品瘤头鸭除需增加饲料用量外，还应补充青饲料、矿物质饲料及糠麸类饲料，使骨骼、肌肉及消化系统发育良好。后期可通过放牧、舍饲或填饲等方法育肥，使其在短期内迅速增加体重、生长肌肉、沉积脂肪及改善肉的品质，提高经济效益。雌鸭育肥至 10 周龄，体重为 1.5～2.2 千克，雄鸭育肥至 11 周龄，体重为 3.6～4 千克，即可屠宰上市。

（2）管理措施　由雏鸭转至育成期时，应进行一次挑选，淘汰体质弱，体重轻的雏鸭。羽轴生长时期，瘤头鸭群易受惊，引起羽轴折断出血，应减少密度，分群饲养。每群以 200～300 只为宜，密度为 6～10 只/米²，并相应添加料槽、水槽。有放水条件的，可适当放水，注意断喙和遮光，防止出现啄癖。

2. 种用育成鸭的饲养管理技术

（1）饲养方法　种用育成鸭应限制饲养，防止鸭体过大、过肥而影响产蛋量和种蛋品质，将雌瘤头鸭产蛋前体重控制在 2.5～2.8 千克，同龄雌鸭控制在 3.5～5 千克，限制日粮的代谢能为 11.2～11.8 兆焦/千克，粗蛋白质为 11.5%，限制量应酌减 20%～30%，以青粗饲料为主，适当加入精料。控制光照时间，降低光照强度。

（2）管理措施　种用育成鸭应雌雄分开饲养，且每群以 150～300 只为宜，密度为 5～8 只/米²。应加强运动，有条件的要充分放水，放牧，使番鸭群既能采食天然动植物饲料，又能加速新陈代谢，促进生长发育。此期番鸭的主翼羽已长齐，具有一定飞翔能力，水陆运动场应增设防护网罩，顶网距水（地）面的距离为 1.8～2 米，便于驱赶时捕捉。舍饲鸭群只需设置少量水池或水盒供其饮水，保证饮水清洁卫生，鸭舍及运动场应做到冬暖夏凉，保持环境安静。

（三）种用番鸭的饲养管理技术

1. 种用番鸭的饲养管理　种用番鸭应按雌雄（6～8）：1 的比例选留。种雄鸭应选择头部肉瘤细薄、颈粗、胸宽、背直、肌肉发达、体重大、性欲旺盛、阴茎色白且皱纹细密及精液品质好的留种。多在 5～6 月份孵出的"尾番鸭"中选留，饲养时间短，比较经济。

种用雄番鸭的配种前一个月停止限制饲养，供给充足的饲料，每天每只雄番鸭的采食量为 160～200 克，提供青绿饲料自由采食，保证雄鸭充分运动和嬉水，以增强体质和性欲。待种鸭成熟后再与雌鸭混群饲养。

2. 种雌鸭的饲养管理　种雌鸭应选择羽毛光亮、体躯呈椭圆形、胸深、腹大、嘴短、善觅食的留种。多在 2～3 月份孵出的"二番"中选留。性成熟后按雄、雌 1∶5～6 的比例与雄番鸭合群。

（1）产蛋期的饲养管理　种鸭在繁殖产蛋期，蛋白质为 16%～18%，代谢能为 11.9 兆焦/千克，钙不低于 2.8%，有效磷不低于 0.34%。采用粉料或颗粒料，每天喂料 140～150 克/只，一天 2 次，产蛋高峰期喂 3 次，但不增加喂料量。供给充足的青饲料，另用槽、盒添加贝壳粉和沙砾任其采食，还可喂些蚯蚓、螺蚌等动物性饲料。补加维生素 C，若产软皮蛋，及时补充维生素 D。

①光照与密度　开产后每周增加光照时间 15～20 分钟。一般舍内光照时间一昼夜应为 12～14 小时，光照强度为 3 瓦/米$^2$，密度为 3 只/米$^2$。

②温度　鸭舍适宜温度为 18℃～20℃，低于 15℃就会降低产蛋量。春季注意防寒保暖，夏季做好防暑工作。

③日常管理　定窝定位产蛋，勤换垫料。产蛋前，准备充足产蛋箱，箱内垫好稻草，放置固定位置，保持垫料清洁干燥，定期更换；保持环境安静，防止应激。雌鸭性情温驯，但在清晨产蛋和就巢孵蛋时，防卫警惕性高，生人不能走进，防止出现应激；加强卫生防疫鸭舍及运动场，定期洗刷，食槽和水槽要定期消毒，根据当地疫情接种鸭瘟、细小病毒、病毒性肝类疫苗，鸭舍也要定期消毒。

（2）休产期饲养管理　一般每年的 9 月中、下旬以后，番鸭产蛋量减少，蛋形小，雄鸭配种能力下降，生殖器官萎缩，日粮蛋白质为 14%，代谢能为 11.2～11.5 兆焦/千克，此时可结合实际情况进行人工强制换羽，使整个鸭群换羽时间一致，统一开产，还便于人工拔羽。

# 第九节 乌 骨 鸡

乌骨鸡以皮肤、骨骼、肌肉均呈乌黑色而得名。以其独特的药用功能和滋补食疗作用及较高的观赏价值而享誉海内外。

## 一、品种特征及经济价值

### (一) 泰和鸡

泰和鸡产于我国江西省泰和县，在国际上被承认为标准品种。

1. **品种特征** 泰和鸡性情温驯，身体轻小，骨骼纤细，头小颈短，眼乌，下颌有须，耳呈孔雀蓝色，全身羽毛呈白色丝状。总的外貌特征民间谓之为"十全"，即复冠（如桑葚状）、缨头（上顶毛冠）、绿耳、胡子、五爪、毛脚、丝毛、乌皮、乌骨、乌肉。此外眼、喙、趾、内脏及脂肪亦是乌黑色，但胸肌和腿部肌肉颜色较浅。

2. **经济价值** 乌骨鸡肉、血和骨的营养价值很高，作为保质保健禽肉别具风味，而且它的利用率也很高。以泰和乌骨鸡为主制成的各种滋补品有乌鸡白凤丸、泰和鸡补酒、乌鸡白凤康复精等产品具有舒筋活血、滋阴壮阳之功效。此外，泰和鸡极具观赏价值，在我国的北京、上海等 20 多个城市的公园都的泰和鸡的饲养，专供游人观赏。

### (二) 余干黑羽乌鸡

原产于江西省余干县而得名，属药肉兼用型品种。周身披有黑色片状羽毛，喙、舌、冠、皮、肉、骨、内脏、脂肪和脚趾均为黑色。母鸡单冠，头清秀，眼有神，羽毛紧凑，公鸡雄壮健俏，尾羽上翘，羽毛乌黑发亮，单冠，肉髯深而薄，腿部肌肉发达。

### (三) 中国黑凤鸡

1. **外貌特征** 全身披有黑色、丝状绒毛、乌皮、乌肉、乌骨、丛冠、缨头、绿耳、五爪、毛腿、胡须，除此之外，其舌、内脏、脂肪、血液均为黑色。

2. 经济价值　黑凤鸡不但具有天然黑色食品的滋补、抗癌、美容、抗衰老等功效，还具有退热补虚、调经止带和养气补血等功效。其肉特有的清香胶润品味，备受推崇。曾在我国流传"清补胜甲鱼，养伤赛白鸽，养颜如珍珠"之美誉。

（四）山地乌骨鸡

为四川盆地南部与滇北高原交界地区长期自然选育而成的品种，具有和原产地江西的泰和鸡一样的药用价值，属药、肉、蛋兼用的地方良种。

山地乌骨鸡以冠、喙、髯、舌、皮、骨、肉、内脏（含脂肪）乌黑为主要特征；羽毛以紫蓝色黑羽居多，而斑毛及白羽次之，羽型以常羽为主，反羽和丝毛次之。

**二、育雏期饲养管理**

育雏期一般指 0～60 日龄这段时期，主要任务是提高雏鸡的存活率和前期增重。

（一）育雏方式

1. 天然育雏　即母鸡抱窝孵蛋后，接着保育小雏。

2. 草窝育雏　这是利用雏鸡自身发出的热量保存在草窝中。只要室温在 15℃ 以上，即可草窝育雏。

3. 保温伞育雏　根据育雏器发热量和伞罩直径，一个保温伞可养 300～500 只雏鸡，雏鸡在伞下可自由进出，自己选择合适的地方。使用保温伞必须要有保温较好的房子。

4. 地下烟道育雏　地下坑道供温育雏。这种方式育雏效果好，成本低，适合于广大农村使用。

5. 网上平面育雏　将雏鸡养在离地面 50～60 厘米的铁丝网上，网片采用直径为 3 毫米的冷拔钢丝焊成，优点是雏鸡不与粪便接触，适合于大中型鸡场用。

6. 立体笼架式育雏　这是现代化养鸡场的一种方式，采用电热丝自动控温加热，以及半机械化或机械化操作。

（二）育雏条件

1. 温度　育雏期适宜的温度见表 4−13。

表 4−13　乌骨鸡育雏的适宜温度

| 日龄 | 育雏器温度（℃） | 室内温度（℃） |
|------|----------------|----------------|
| 1～10 | 35～32 | 24～23 |
| 10～20 | 32～30 | 24～22 |
| 20～40 | 30～28 | 22～21 |
| 40～50 | 28～25 | 21～18 |
| 50～60 | 25～20 | 18～15 |

2. 湿度　一般育雏室要求的湿度为：1～10 日龄 60%～65%，10 日龄以后为 55%～60%。

3. 通风　幼雏呼出的二氧化碳使空气污浊，所以在保温的前提下，要注意通风。

4. 饲养密度　一般情况下乌骨鸡的饲养密度为：1～10 日龄 40～50 只/米$^2$，11～20 日龄 40 只/米$^2$，21～30 日龄 35 只/米$^2$，31～40 日龄 30 只/米$^2$，41～50 日龄 25 只/米$^2$，51～60 日龄 20 只/米$^2$。

5. 光照　出壳后 3 日内，一般采用 24 小时光照，强度一般为 15～20 勒克斯；4～21 日龄每天光照 16 小时，强度为 5～10 勒克斯，3 周后采用自然光照。

（三）饲喂技术

1. 开食　一般在孵出后 24～36 小时内开食，常用的开食饲料有小米、碎玉米或碎配合饲料。

2. 饮水　开食前 0.5 小时先给予饮水，此后就不断饮水。一周内雏鸡饮用水温度应保持在 18℃～20℃，出雏后头 2 天，每升水加葡萄糖 50～80 克和 1 克维生素 C，3～5 日龄饮水中可适当加入庆大霉素等抗菌药物，以提高鸡的抗病力，减少死亡。

3. 饲喂制度　采用自由采食和自由饮水制度，1～7 日龄雏鸡应昼夜饲喂，少喂勤添，每昼夜至少喂 8 次，8～14 日龄每昼夜喂 6～7 次，15 日龄后结束夜间饲喂，每天喂 5 次，此外，每周喂一次含 1⅕～2％细砂粒的饲料以帮助雏鸡消化。

（四）卫生和防疫

幼雏个体小，抵抗力差，一旦发生疫病，能以控制，损失巨大，因此，此期的卫生防疫非常重要，防疫包括防病和免疫两个方面，常用的措施如下：

1. 全进全出制　全进是一栋鸡舍只养同一日龄和同一来源的鸡，全出是将同一栋鸡舍的鸡群同时全部转出。鸡群出舍后，要彻底清扫、清毒，并空闲 10 天左右方可继续使用。

2. 消毒制度　对鸡舍、饲养设备、工作用具等要定期消毒。

3. 隔离制度　新引进的鸡雏要有隔离舍，进行隔离检疫并由专人管理，病死鸡切忌乱扔，要在离鸡舍较远的地方深埋或焚烧。

**三、育成期的饲养管理**

乌骨鸡的育成期是指 60～150 日龄这段时期。其中 60～90 日龄的鸡称为中雏鸡；90～150 日龄的鸡称为青年鸡。此期饲养管理的中心任务是促进骨骼和各部器官的正常发育，确保适时而整齐的开产与上市。根据种用和商品用两种不同的饲养目的而采取不同的饲养方法。

（一）饲养方式

1. 地面平养　地面全部铺垫料，食槽和饮水器在舍内均匀分布。

2. 网上平养　主要用于商品鸡饲养，也可用于种鸡饲养。

3. 笼养　多选用专用中型鸡笼，尺寸大小同育雏笼，但笼底网眼较大且笼体较高。

（二）商品鸡的饲养管理

通常在饲养日龄 100～150 天时，其体重达到 0.75～1.2 千克。即可供制药厂和外贸出口，或作一般肉用鸡上市。

1. 选择适宜的饲养方式 提倡舍内笼养为好，可避免传染病的发生及传播，减少球虫病以及其他寄生虫病的发生，给乌骨鸡创造一个安全的环境。

2. 采用高能量和高蛋白质的饲料配方 乌骨鸡从 60 日龄到上市，要求长肉多，体内贮积一定的脂肪，因此，青年鸡饲料中的代谢能要高于前期，而粗蛋白质的含量应略低于前期，除适当添加一些油脂外，不能喂过多的糠麸饲料。此外，还应注意添加复合维生素和复合微量元素，以提高鸡体的抗逆能力和生长速度。

3. 提高鸡的采食量 方法是增加喂食次数，一天不少于 5 次，将此期的配合料加工成颗粒料，节省采食时间，有利于催肥；做好夏季通风和防暑降温工作。

4. 公母鸡分开饲养 因为公鸡对蛋白质的要求比母鸡高，分开饲养可使公鸡生长速度加快，可比母鸡提前上市。

5. 饮水要充足，防止潮湿 一般每 100 只鸡应配有五六个饮水器。鸡舍内应经常保持清洁干燥，应加强通风排湿和勤换垫草，并经常在鸡舍内撒些石灰消毒。

（三）青年种鸡的饲养管理

此期的饲养原则是：控制生长发育到开产时达到标准体重；要有健康的体质；要达到适时开产。在生产实践中，乌骨鸡开产以 170～180 日龄，产蛋率达到 55％为宜。

1. 限制饲养 主要限制日粮的营养水平，适当降低日粮的能量和蛋白质水平。但应充分供应各种矿物质元素和维生素，以满足其机体发育和种用的需要。

2. 放牧 放牧可使青年鸡得到充足的阳光和新鲜的空气，使鸡体得到很好的锻炼，防止长得过肥。

3. 断喙 这是防止鸡叨喙的主要措施之一。时间一般于55～60日龄进行第一次；150 日龄后，转入种鸡群前，进行第二次断喙。

4. 公母鸡隔离饲养　从 60 日龄开始，青年种鸡要求公母鸡隔离饲养，直至需采种蛋的前 2 周，在傍晚把公鸡放在母鸡群中饲养。

### 四、种鸡的饲养管理

种鸡饲养得好坏，会直接影响到种蛋的数量和质量，即产蛋率、受精率、孵化率和雏鸡品质。

（一）开产前的准备工作

第一要整顿鸡群；第二产蛋舍要彻底清洗和消毒，并进行鸡新城疫苗、传染性支气管炎疫苗和减蛋综合征等的免疫接种；第三要设置好产蛋窝，一般要求每 5 只母鸡备一个产蛋窝。

（二）选择种鸡

严格挑选发育良好，体质强壮、体态丰满、头部宽阔、胸深脚高、立势雄壮、龙骨无弯曲、性欲旺盛、配种力强的公鸡作为种公鸡。种母鸡的选择标准是体重适中，头小清秀、肛门外侧丰满、胸骨与耻间距离宽、产蛋性能好，抱性较弱的母鸡。

选择种鸡应分两次进行。第一次在 2 月龄时挑选；第二次在 5 月龄时进行精选，坚持择优淘劣。散养种公母鸡比例以 1：（10～12）为宜。

（三）加强营养

产蛋前期和中期在喂给营养全面、品质优良的日粮，注意提高日粮中蛋白质和钙的含量，其蛋白质含量水平达 17％～18％，供应蛋白质含量 15％～16％的日粮，以降低饲料消费和提高经济效益。

（四）光照

刚开始产蛋时要求 14 小时光照，高峰期应达到 16 小时，并一直持续产蛋结束。适宜的光照强度为 15 平方米 40 瓦。冬季达到每天 16 小时光照，分早晚两次补充光照为好。

（五）环境条件

母鸡产蛋的适宜温度为 13℃～25℃，乌骨鸡在日平均气温 30℃以上或 10℃以下时，产蛋率显著下降，部分母鸡甚至停止产蛋，因此，夏季应注意通风和设法降温防暑。在舍内操作，动作要轻缓，尽可能保持环境条件的稳定，也要求饲养人员固定，日常工作按规定准时进行，定期对鸡舍及用具消毒，保持环境的清洁卫生。

（六）消除母鸡的抱性

抱性强是乌骨鸡的一个弱点，一旦抱窝就停止产蛋，造成产蛋量减少。消除母鸡抱窝有以下几种方法：

（1）注射"丙酸睾丸素注射液"，每只肌内注射 0.25～0.3 毫克，1～2 天即可醒窝；

（2）每只鸡每天喂 1 片去痛片，连喂 3 天。

（3）每只母鸡每天注射黄体酮 50 毫克，1～2 次即可。

# 第十节　肉　　鸽

## 一、国内外主要品种

### （一）国外品种

1. 王鸽　它是很理想的肉鸽品种，是世界上数量最多，分布最广的大型肉用鸽。王鸽按其羽色可分为白羽王鸽、银羽王鸽及其他羽色鸽等。

2. 卡奴鸽　它原产于比利时和法国，19 世纪传入亚洲各国。卡奴鸽的体重为 600～750 克，乳鸽重为 450～550 克，每年可产 10 对左右仔鸽。

3. 仑替鸽　原产于西班牙或意大利，是肉鸽品种中体形、体重最大的鸽种。成年公鸽体重 1400 克，母鸽 1250 克，年可产蛋 8 窝左右。

4. 蒙腾鸽　原产于意大利或法国，成年公鸽体重达 1000 克左右，4 周龄乳鸽体重可达 750 克左右。

5. 贺姆鸽　是美国 1920 年培育成功的。成年公鸽体重达 700～750 克，母鸽体重 650～700 克，乳鸽体重 600 克左右。

（二）国内肉鸽品种

1. **石岐鸽**　原产于广东石岐一带，是我国较大型的肉鸽品种之一。成年体重公鸽为 750～800 克，母鸽 650～750 克，乳鸽体重达 600 克左右，年产仔鸽 7～8 对。

2. **佛山鸽**　是广东省佛山市育成的品种，与石岐鸽一样是的肉鸽品种。成年鸽体重可达 700～800 克，体形大的可达 900 克，1 月龄乳鸽体重可达 500～650 克，种鸽年可产仔鸽 6～7 对。

3. **杂交王鸽**　是利用王鸽和石岐鸽或肉用贺姆鸽杂交的后代。体形介于王鸽和石岐鸽之间。成年公鸽体重 650～800 克，母鸽 550～700 克，每对种鸽年产仔鸽可达 6～7 对。2 周龄乳鸽体重 400～450 克，3 周龄以上乳鸽可达 550～650 克。

## 二、繁殖

（一）繁殖周期

肉鸽从交配、产蛋、孵蛋、出仔及乳鸽的成长，这一段时期称为繁殖周期。大约 45 天，可分为配对期、孵蛋期、育雏期 3 个阶段。

1. **配对期**　按照养殖者的目的，将公母配成一对，关在一个鸽笼中培养"感情"，大多数都能成为恩爱"夫妻"，这一阶段为10～12 天。

2. **孵蛋期**　公母交配产下受精蛋，然后轮流孵化，这一时期为 17～18 天。

3. **育雏期**　仔鸽出生到独立生活这一阶段，为亲鸽的育雏期。仔鸽出生后，其父母随之产生鸽乳，共同照料仔鸽，轮流饲喂。在乳鸽达 2～3 周龄后，又产下一窝蛋，这阶段需20～30天。

（二）繁殖利用期

肉鸽可利用的繁殖为 4～5 年，其中以 2～3 岁是繁殖力最旺盛时期，此时鸽的产蛋数量最多，后代品质也好，适于留做种用。

（三）配对

1. 鸽子的发情期  鸽子长到三四个月龄后，产生交配欲望，称为鸽子发情。在发情期必须采用人工配对的方法，以繁殖培育出优良的后代。

2. 配对前公母鸽分栏饲养  为了防止早配，在发情前应公母鸽分开饲养。公母鸽分栏后，应开始着手选留种鸽，按留种标准逐只选择，对伤残、弱小的鸽子及时淘汰。

3. 配对方法  通常配对方法有两种：

（1）自然配对  自然配对简便易行，但缺点突出，容易造成近亲繁殖和早配。

（2）人工配对  一般多采用人工配对，有目的将公母鸽放在同一笼舍里，待建立感情，放出笼舍，让亲鸽出来活动，使鸽子认识自己的巢窝，以免出现争窝，打架现象。

（四）配对肉鸽的繁殖行为

1. 求偶和交配  鸽了配对上笼后，公鸽会追逐母鸽，常表现羽毛竖立、啼咕、踱步等动作，并时而用喙轻梳母鸽头部及颈部羽毛，母鸽很喜欢这些动作，当情欲达到高潮时，母鸽便蹲伏下来，公鸽则爬到其背上，交配便圆满成功。

2. 共筑产蛋窝巢  野生状况下，公母鸽都会协调一致地共筑窝巢，在家养情况下，窝巢已经由鸽主为其准备好材料，一般用2～3厘米长的碎稻草，麦秸或谷壳等做垫料，并检查垫料是否充足，以防鸽子将蛋踩破。

3. 产蛋与孵蛋  鸽子每窝产2枚蛋，通常在产下第2枚蛋时，它们才开始认真孵化。公母鸽双方都参加孵蛋，轮流交替孵蛋。

4. 照料雏鸽  照料雏鸽是公母亲鸽共同担任的。在喂雏鸽时，双亲都很积极。雏鸽长到30～35日龄时可以飞离巢窝，至6周龄左右才离开亲鸽，否则，亲鸽也会将它们赶出去。

### 三、营养需要

#### （一）水

鸽子一般每只每天需 30～70 毫升水。夏季及哺乳期饮水量相应增加，笼养鸽比平养鸽饮水量多。

#### （二）能量

能量在作用上分为维持需要和生产需要两个方面。鸽子维持需要的能量，其需要量与鸽子的体重、饲养方式等有关。体重越大，单位体重需要的维持热能就越小，笼养鸽的能量需要比放养鸽小，产蛋多的鸽子，消耗维持能量多。

鸽子的生产需要能量与其生产性能高低有密切关系，产蛋期或哺乳期，所需的能量就多。

在确定鸽子的能量需要时，必须重视能量与其他营养物质的正确比例。一只成年鸽每天摄取大约为 669 千焦的代谢能。

#### （三）蛋白质

日粮中蛋白质和氨基酸不足时乳鸽生长发育缓慢，羽毛生长不良，产蛋量少，蛋重减轻。但是日粮中蛋白质含量过高，也不会有良好的效果。在鸽子日粮中，一般蛋白质水平应不少于 17%。

#### （四）矿物质

鸽子体内的矿物质占其体重的 3%～4%，主要存在于鸽子的骨骼、组织和器官中。

鸽子与其他畜禽相比，矿物质需要量要多些。在正常饲喂条件下，很有必要给鸽子专门提供矿物质合剂（俗称保健砂）。

#### （五）维生素

畜禽对维生素的需要量极少，有的在体内能够合成但不能满足需要，所以必须在饲料或添加剂中予以补充。在饲喂鸽子时除了选用富含维生素的天然饲料外，还需另加维生素 A、维生素 $B_2$、维生素 $B_{12}$、维生素 D、维生素 E 等。

### 四、饲养管理

#### (一) 一般原则

1. 应遵循少喂勤添的原则 喂料时每次少给，增加添料次数，减少饲料浪费。

2. 供给保健砂要定时定量 每天9时供给保健砂1次，每对亲鸽15～20克，青年鸽及非育雏鸽可适当少给些，育雏的亲鸽多给些。

3. 供水每天不断 每只鸽子每天需水量平均50毫升，供水应整天不断，任其自由饮用。

4. 加强饲料和饮水卫生 每天清洗一次食槽和水槽，把好病从口入这一关。

5. 让鸽子用清水洗浴 鸽子喜欢水浴，浴池的水应为流动水，以保持池水清洁。

6. 亲鸽应于晚上补充人工光照 据实验，亲鸽每天光照16～17小时能提高产蛋率，受精率和仔鸽体重。

7. 定期消毒 水槽、食槽每周消毒1次，可用高锰酸钾或新洁尔灭等药物。

8. 做好防病工作 平时以防疫工作应根据本场实际制定预防措施，发现病鸽及时隔离治疗。

9. 保持舍内安静 应经常疏通舍内外排水沟，尽量不使地面潮湿，保持环境安静，为鸽子创造良好的生活环境。

#### (二) 不同生长阶段的饲养管理

1. 精心护理乳鸽 乳鸽是指出壳后至离巢出售或育种前的雏鸽。乳鸽出壳后，亲鸽虽能精心抚育其后代，但亦有不少问题是亲鸽做不到的，需要管理人员精心护理，才能使乳鸽发育得更好。

乳鸽出生三四天后，可睁开双眼，每天亲鸽喂乳10余次，此时亲鸽的食量也增加很多，应供给亲鸽的营养高一些，增加豆类的用量，还要增加饲料供应量。

乳鸽1周龄时，应及时带脚环，以做出时间和姐妹的区分标记。乳鸽长到10日龄左右，喂给的食物变成半颗粒状态，有的出现消化不良，这时可给发病乳鸽灌服酵母片等健胃药助消化。15日龄乳鸽，体重达400～500克，此时可提离蛋巢放在外笼内，饲料与亲鸽相同，如果此时亲鸽产蛋，应给乳鸽进行人工灌喂，保证其正常生长。

20～25天的乳鸽可以上市出售，作为种用鸽可继续留在亲鸽身边，待28～30天能独立生活时及时捉离亲鸽。

2. 留种童鸽的饲养管理　留做种用的乳鸽在离巢群养到性成熟配对之前称为童鸽。

当童鸽刚转至亲鸽舍时，必须对其精心照料，饲、水槽不要太高，供细颗粒料，寒冷天气注意保暖，炎热天气加强通风。

2月龄童鸽开始换羽，应适当增加能量饲料，使其占80％～90％，饮水中有计划加入抗生素，以预防呼吸道病及副伤寒等疾病发生。

3月龄童鸽已有性活动表现，可选优去劣，公母分开饲养，并对鸽群进行驱赶。应适当控制体重，防止鸽子太肥和早熟，日粮中能量供给量不宜太多，每天供料2～3次为宜，每次使其在半小时内食净。

6月龄的童鸽大多已成熟，应做好配种前的准备工作。

3. 亲鸽的饲养管理

（1）防止鸽子产无精蛋、软壳蛋和畸形蛋　发现种蛋受精率偏低，产性软壳蛋或畸形蛋，要检查鸽的配对是否合理，有无一对中全公、全母的情况；检查饲料的配方和保健砂配方是否合理；检查鸽群里是否发生疾病等等。

（2）尽量减少破蛋　造成破蛋原因很多，如蛋巢结构是否合理；种鸽是否跳来跳去；生人干扰；营养缺乏导致啄蛋。应根据不同原因采取相应的改进措施。

（3）按时照蛋和及时处理坏蛋　孵化的第5天、第10天应照蛋，把无精蛋、死精蛋、死胚蛋及时拣出。

（4）合理饲喂　育雏期的种鸽，随着乳鸽日龄的增加，其采食量也越来越大，每天应补充喂料2～3次，每次喂料应让鸽子吃饱，以免营养缺乏影响哺育仔鸽。

（5）巢盒应保持温暖干净　乳鸽出生后应注意保暖，防止贼风袭击，并经常更换垫底的麻布，使槽盆内不积存粪便。

（6）按时做好留种　20～25日龄的乳鸽一般都应上市出售。留种鸽应于一个月龄时提离鸽群，以减轻亲鸽的负担。

（7）搞好登记、统计　根据记录和统计结果，及时掌握生产变化情况，做出下一步的工作安排。

（8）加强换羽期的饲养管理　亲鸽于每年夏末秋初换羽，时间长达1～2个月。在换羽期间，可调整鸽群，淘汰生产的种鸽。同时对鸽笼内外环境进行一次全面的清洁消毒。换羽后期提高饲料的营养水平，恢复饲料的充分供应，促进种鸽尽快产蛋。

（9）保证亲鸽的安全　猫、鼠是鸽子的天敌，要做好防范，防止它们入侵。

（10）注意防疫工作　防止飞鸟和其他家禽进入鸽舍，预防疫情的发生。

# 第五章　珍禽场的建设与管理

## 第一节　场址的选择与建筑布局

### 一、场址的选择

　　珍禽场场址的选择，必须考虑建筑地点的自然条件，社会条件和珍禽的生活习性。自然条件包括地形地势、水源水质、地质土壤、气候因素等方面。社会条件包括供水、电源、交通、环境、疫情、建筑条件、经济条件和社会风俗习惯等方面。珍禽不同于家禽，因其驯化时间较短，还存在一定的野性和野生生活习性，故在建场时也应考虑其生活习性，模拟自然生境。此外，选址时也应注意将来发展的可能性。只有对上述诸方面资料做到现场勘测和收集，并通过综合分析，才能对制定建场的设计和布局规划提供依据。现将有关场址选择的主要要求分述如下：

　　（一）地势地形

　　地势是指场地的高低起伏状况，而地形是指场地的范围及地物——山岭、河流、道路、草地、树木、居地点等地方，地下水位要低，所选场地应比当地水文资料中最高水位高1～2米以上，以防涨水时被淹没。山区丘陵地区建场应选择背风向阳、宽敞、地下水位高、地面稍有坡度的地方；要注意地质构成情况，避免断层、滑坡、塌方的地段；也要避开坡底、谷地以及风口，以免受山洪和暴风雪的袭击。

　　（二）水源水质

　　水源水质关系着生产和生活用水以及建筑施工用水，要给以足够的重视。首先要了解水源的情况，如地面水的流量，汛期水位。对水质情况须了解酸碱度、硬度、透明度，有无污染源和有害化学物质等。供水能力，能否满足珍禽场的需水量。此外，饲养野鸭的珍禽场，最好利用活动流水，水源不宜离场过远，以便于野鸭戏游、运动及交配。

（三）地质土壤

珍禽场对地质土壤的要求也很严格。一方面表现在土层土壤对房舍建筑的影响，另一方面表现在珍禽对土壤的要求，如绝大部分珍禽喜欢沙浴，故选择沙质土或沙壤土为宜。

（四）气候因素

主要指与建筑设计有关和造成珍禽场小气候的气候气象资料，如平场气温、绝对最高最低气温、土壤冻结深度、降水量与积雪深度、日照情况等。

（五）供水、电源、交通条件

拟建场区附近如有地方自来水公司供水系统，可以尽量饮用，但需要了解水量能否保证。大型珍禽场最好能自辟深井修建水塔，采用深层水作为主要供水来源，或者地方水量不足时作为补充水源。此外，珍禽场的生产生活和洗刷消毒污水的排除，都要注意污染居民用水的可能性，要引起足够重视。

珍禽场的孵化、育雏等都要求有可靠的供电条件，要了解供电源的位置与禽场的距离，最大供电允许量，是否经常停电。如果供电无保证，则需自备发电机，以保证场内供电的稳定可靠。

珍禽场的建设要求建在肃静、安全的地方，要远离居民区，工厂等，但也不应设置在交通不便的深山老林。因珍禽场的饲料供应、产品销售以及其他生产物资等均需大量的运输能力。

（六）环境疫情

拟建珍禽场的环境及附近的兽医防疫条件的好坏是影响珍禽场成败的关键因素之一，特别注意不要在原有旧禽场上建场或扩建，否则，会给防疫工作带来很大困难，甚至导致失败。对附近的历史疫情也要做周密的调查研究，特别警惕附近的兽医站，畜牧场、屠宰厂距拟建场地的距离，方位、有无自然隔离条件等，以对本场防疫工作有利为原则。

**二、布局及建筑种类**

（一）布局

珍禽场的总体布局，亦称为平面布置，它包括各种房舍分区规划。道路规划、供水、排水和供电等管线的线路布置，以及场内防疫卫生环境保护设施的安排。

1. 各种建筑物的区分规划　首先考虑人的工作和生活集中场所的环境保护，使其尽量不受饲料粉尘、粪便气味和其他废弃物的污染。其次注意生产禽群的防疫卫生，尽量杜绝污染源对生产禽群环境污染的可能性。珍禽场各种房舍区分规划，见下图5-1。

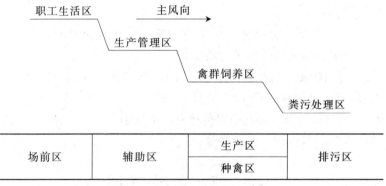

图5-1　珍禽场房舍区分规划

2. 禽舍间距　禽舍间距是珍禽场总平面布置的一项重要内容。根据珍禽场的工艺流程，应该把同等功能的禽舍相对集中，将相衔接的两个生产工艺环节尽量靠近。种禽群和生产禽群的两个小区，种禽群应布置在饲养区防疫环境的最优位置；两个小区中的育雏育成禽舍又优于成年禽舍的位置，而且育雏育成禽舍与成年禽舍的距离要大于本群禽舍的间距，并须设沟、墙、门卡等隔离条件，以确保雏禽群的防疫安全。有条件的地方，综合性珍禽场各个小区可以加大距离，使形成各个专业性分场，便于控制疫病。

（二）建筑物种类

1. 孵化室　孵化室应设有种蛋间、熏蒸间、储蛋间、孵化间、出雏间、洗涤间、幼雏存放间等。

2. 育雏室　育雏室的建筑要求与其他禽舍不同，其特点为房屋较矮，墙壁较厚，地面干燥，屋顶装设天花板，以利于保温。同时要求通风良好，但气流不宜过速，既保持空气清新，又不造成温度的剧变。

3. 育成禽舍　是由雏禽转入育成阶段的专用房舍。其建筑要求有足够的活动面积，保证生长发育的需要。育成禽舍一般采用开放式的结构，设有宽敞的运动场，运动场一般由铁丝网或其他编织网围成。

4. 种禽舍　种禽舍一般可分为平养禽舍和笼养种禽舍。其中，平养种禽舍多设有运动场。

5. 饲料加工间和饲料库　可根据养殖规模和不同日龄的饲料量及当地的饲料种类等因素设计。

6. 行政用房　包括门卫传达室、进场消毒室、办公室、实验室、车库、发电间、垫料库等。

# 第二节　经营管理

## 一、生产计划

生产计划是珍禽场全年生产任务的具体安排。制订生产计划要尽量切合实际，只有切合实际的生产计划，才能更好地指导生产、检察进度，了解成效，具体生产计划内容如下：

1. 基础种禽计划　基础种禽计划是各项计划的基础，只有定出基础种禽计划，才能根据种母禽数量和生产性能指标编制产品生产计划，饲料与物资供应计划，然后根据这些制定出财务计划等。

2. 产品生产计划　珍禽用途不同，其产品生产计划是不同的，如肉用商品珍禽产量（只/年）＝产蛋量（枚/只年）×种蛋合格率（％）×种蛋受精率（％）×受精蛋孵化率（％）×育雏期存活率（％）×育成期存活率（％）。

3. 饲料计划　饲料计划是根据月累积饲养数乘以每只每天耗料量，得数为月累计耗料量。再根据饲料配方中各项饲料原料的配合比例，算出各个月所需各种饲料原料的数量。

4. 物资供应计划

（1）设备　分新添或更新的设备，以及零、配件等。

（2）建筑与电器材料　用于新建或维修。

（3）药物、疫苗　应由兽医人员提出。

（4）能源　煤、柴油、汽油等。

（5）低值易耗品　包括常用的工具、文具、垫料与灯泡等。

5. 财务计划　分收入、支出两部分。

（1）收入　主产品、联产品、副产品及其他收入。

（2）支出　引种费、饲料费、各类物资、工资及附加工资、交通运输费、防疫药品费、房舍维修与房舍设备折旧费、管理费、利税等。

**二、盈利因素**

饲养珍禽的绝大部分固定费用不能压缩，因此，探讨其盈利因素，必须从提高劳动效率、减少无效饲养、降低成本、提高产值等方面做工作。

1. 提高饲养技术水平，促进珍禽生产性能指标的充分发挥　珍禽的产蛋、生长速度、存活率和饲料报酬等生产性能，与其生产成本密切相关。当珍禽因养殖技术等问题出现生产性能低下，必将提高其产品的生产成本。目前，珍禽养殖业呈越来越竞争激烈之势，盈利的先决条件，还是其饲养技术水平。

2. 提高劳动效率，减少饲料浪费　在珍禽饲养中一般饲料费可占总成本的70％之多，因此，最大限度地降低饲料浪费和提高饲料的有限利用率，是珍禽养殖盈利的重要因素。此外，人工费用在珍禽饲养成本中仅次于饲料费用，若采用自动供料和给水系统，会大大提高劳动效率，降低饲料成本。

3. 及时促进销售、减少无效饲养　肉用商品珍禽饲养到一定周龄时，达到上市体重就可以销售，此时肉味鲜美和饲料利用效率最佳。尤其珍禽进入冬季后体重不再增加，每天采食的饲料用于维持和御寒。这一时期的饲养在生产经营中被视为无效饲养。因此，珍禽育成后及时销售，可降低饲养成本。

为促进珍禽的销售，应积极主动地到各城镇副食、蔬菜、农贸市场的零售商联系，订立销售合同，确定一个长期或季节性的珍禽销售网点，场方负责定期送货上门。同时，积极开拓国际市场，增加出口创汇能力。

4. 改变珍禽业"单腿走路"的现象，实行多种经营形式并存　目前我国大多数的雉鸡养殖为网室饲养，育成销售，饲养周期较长，需要建筑设备费用及饲养管理费用较多。而雉鸡作为重要的猎鸟之一，在野生状态下觅食及其他生活能力均强，国外许多养雉者采用放养的方式，即将中雏期的雉鸡放入狩猎区内，在生长期禁猎，当进入秋冬季节后开始捕获，回收大量雉鸡，同时从狩猎活动中又获得一定的收益。这种方式既可降低饲养成本，又可开发旅游业，一举两得，获得双重效益。

# 第六章　珍禽常见疾病的防治技术

## 第一节　珍禽场的卫生防疫原则

### 一、禽场卫生

珍禽场应选择地势高燥、地面平坦的场地。场址距居民区至少500米，远离铁路和公路。生产区门口必须设消毒槽，场内应保持清洁，定期消除粪便，食槽、水盒定期清洗消毒，场内也应定期消毒，可采用下列消毒方法：

（一）化学消毒

常用的消毒药有氢氧化钠、石灰乳、漂白粉、煤酚皂液、新洁尔灭、甲醛、消毒净、百毒杀等。由于不同的病原体对不同的消毒药敏感度不同，因此，消毒时根据消毒对象和病原体种类选择，同时要准确掌握药物的剂量、浓度、作用时间等，其使用方法通常有喷洒、浸泡、熏蒸等。

（二）物理消毒

对垫草、粪便可采用焚烧和生物发酵消毒。注射器皿、小型用具、工作服等用煮沸消毒法。

（三）驱虫

珍禽患有多种寄生虫病，不仅影响生长发育，有些寄生虫病如球虫病、组织滴虫病常导致珍禽死亡。因此，每年都要定期、适时进行驱虫。

（四）灭鼠

老鼠的危害是多方面的，如咬死幼雏，咬坏塑料水管、电线等物，造成漏水、漏电等事故。还是疫病的传播者，危害珍禽健康。因此，必须灭鼠。

（五）灭蝇

成蝇的寿命一般为数周，其繁殖力惊人。一只苍蝇经 4 代，即可繁殖 1.3 亿只。苍蝇能传播对人、畜很多有害的疾病，必须大力灭蝇。做好及时清理粪便，搞好清洁卫生，喷洒灭蝇药物等项工作，会收到明显的效果。

## 二、饲料卫生

饲料卫生的好坏与动物的健康密切相关，动物如采食腐败变质、发霉或被某些病原菌污染的饲料即会发病，某些植物性饲料在加工，贮藏或运输的某些环节不当时，也会导致动物发生中毒。因此，应掌握饲料是否被污染及其卫生要求。

饲料卫生的要求是：饲料室要严密、干燥、通风好，地面应为水泥面，防止鼠类进入，不允许饲料室内存放其他物品。购饲料时要把好质量关，可疑的饲料绝不能购入。

## 三、饮水卫生

水在传播某些疾病如肠道传染病和寄生虫病方面也有着重要的作用。因此，搞好饮水卫生对防止珍禽的疾病感染有重要意义，

饮水要清洁，无污染。水源要严格管理，不要流入污水和有害物。水盆、槽要经常清污，定期消毒，防止真菌污染。

## 四、尸体及粪便处理

对死亡珍禽尸体的处理要严格。有很多珍禽养殖场往往不注意这一点，如随意在场内的某一地点解剖，解剖后污染的地面不做任何处理，尸体及内脏乱扔，甚至吃其肉，这是极其危险的。不明原因死亡的任何一种动物都需要做深埋或焚烧处理。解剖珍禽必须在固定的屋内或场外的安全地点进行，解剖后应对污染的地面、用具等彻底消毒。

粪便中含有大量的病原微生物、寄生虫卵和幼虫，在管理粗放卫生不良的饲养场，常导致饲料、饮水的污染，造成疫病流

行。因此，对其及时消除并无害处理，是不容忽视的。一般多采用生物发酵方法处理，通过生物发酵产热，能杀死许多病原微生物和寄生虫及其虫卵。

# 第二节　常见传染性疾病的防治

## 一、新城疫

新城疫是由病毒引起的一种鸡、雉鸡、鹌鹑等多种禽类的急性败血性传染病。本病以呼吸困难，下痢，神经功能紊乱，黏膜及浆膜广泛性出血为特征。

（一）病原

鸡新城疫病毒，为副粘病毒科代表种。病毒存在于病禽的所有器官、体液、分泌物和排泄物中。该病毒一重要生物学特性是能吸附于鸡、火鸡等禽类以及某些哺乳动物的红细胞表面，并引起红细胞凝集。

（二）流行特点

各类珍禽对本病都有易感性。主要传染源是病禽，主要传染途径是呼吸道、消化道、眼黏膜、皮肤损伤和卵等。一年四季均可发生本病，以春秋两季多发。此病呈毁灭性流行，病死率在90%以上，幼龄禽死亡率最高。

（三）临床症状

自然感染潜伏期3～5天。典型发病时，个别病禽可能未出现任何症状之前就突然死去，多数病禽食欲减退或废绝，精神不振，离群呆立，产蛋量骤减，羽毛松乱，不愿走动。咳嗽、呼吸困难，常发出"咯咯"的声音。口腔黏液增多，嗉囊充满气体，粪便稀薄呈黄绿色。发病后期呈现神经症状，翅膀麻痹，头向后或向一侧偏倒，病程一般为2～5天，发病率和死亡率高达90%～100%。免疫群的病禽往往出现非典型症状，幼禽表现为呼吸症状，成年禽表现产蛋量下降，死亡率较低。

（四）防治措施

目前对新城疫尚无有效的疗法。在发病早期，应用抗鸡新城疫血清有一定的疗效，剂量为每千克体重肌内注射血清2～4毫升，第二天重复注射一次。预防本病是一切防疫工作的重点，必须采取综合防治措施，消灭它的发生和流行。

1. 杜绝病源侵入珍禽群　加强饲养管理，健全兽医卫生防疫制度，防止一切带毒动物和污染品进入珍禽场，进出的人员和车辆要消毒，不从疫区引进种蛋和种禽。

2. 定期做好预防接种工作，增强珍禽群的特异免疫力

（1）成年雉鸡　接种疫苗时，按1：1000倍稀释，肌内注射0.3～0.5毫升能收到良好的免疫效果。

（2）雉鸡雏　在10～20日龄时可用鸡新城疫Ⅱ系疫苗滴鼻点眼，疫苗1：10倍稀释，用5毫升的注射器往雏雉鸡鼻孔和眼内滴稀释疫苗2滴即可。

（3）青年雉鸡　在0～120日龄时，注射Ⅰ系疫苗，按1：2000倍稀释，剂量0.5毫升。其他珍禽免疫接种可参照执行。

## 二、马立克氏病

马立克氏病是由疱疹病毒引起的一种具有高度传染性的肿瘤性疾病。对珍禽养殖业危害极大。

（一）病原

病原为马立克氏病毒，属B亚群疱疹病毒。在羽毛囊上皮细胞中的病毒是完全病毒，可脱离细胞而存活，可以随空气、羽毛、皮屑等散播于外界，引起本病流行。用5%的甲醛溶液、2%火碱及3%煤酚皂液等消毒药可将病毒迅速杀死。

（二）流行特点

本病主要侵害鸡、火鸡、雉鸡、乌骨鸡、鹌鹑等，其他动物不感染此病。病鸡和带毒禽是主要传染源。本病潜伏期长，外部症状不明显。病禽脱落的羽毛、皮屑，是主要传染源。该病毒通过呼吸道进入禽体内，不能经种蛋传播。本病暴发期常在3～4

周龄，幼年禽比成年禽易感，母禽比公禽易感性高。

（三）临床症状

自然感染鸡一般于感染后 3 周即可发病。根据病变发生部位及临床表现，将本病分为几个类型，即神经型、内脏型、眼型及皮肤型。神经型和内脏型较多见，当坐骨神经受损时，禽一侧腿发生不全麻痹，站不稳，呈"劈叉"姿势，为其典型症状。内脏型病禽精神委顿，食欲减退，羽毛蓬乱无光泽，进行性消瘦，最后因脱水、饥饿或消耗而死亡。眼型病禽当眼球虹膜受损时，虹膜的正常色素消失，呈弥漫性灰白色，严重者导致失明。

（四）防治措施

本病目前尚无特效药物治疗。防治本病主要采取疫苗免疫，加强平时预防措施等方法。

平时加强饲养管理，以增强体质和抗病能力。搞好环境卫生，坚持严格消毒，建立防疫制度，引种时应从无马立克氏病群中引进。

本病主要应进行预防接种，据介绍用美国进口马立克氏病疫苗预防接种效果很好。

本病的潜伏期长，一旦出现症状，应及时淘汰病禽，逐步建立健康的珍禽群是行之有效的办法。

**三、雉鸡结核病**

雉鸡结核病是由禽型分支杆菌引起的一种慢性传染性疾病。该病是危害雉鸡养殖业最严重的疾病之一。

（一）病原

禽型结核杆菌，为严格需氧菌，对外界环境、物理因素及许多消毒剂有很强的抵抗力，但对高温抵抗力差，60℃30 分钟死亡，在 70％酒精或 10％漂白粉中很快死亡。

（二）流行特点

雉鸡结核病主要经过消化道传染，患病雉鸡为主要传染源，用患病雉鸡产的蛋孵化鸡雏也发生传播。雉鸡对本病比家鸡和其他禽类都易感,该病不分性别,无季节性。死亡率也随着月龄的增长而增加。饲养管理不善、卫生条件差都易诱导本病发生。

（三）临床症状

患病雉鸡初期无明显症状,呈渐进性消瘦,随着病情的发展,出现食欲减退、羽毛蓬乱、离群孤立,一翅或双翅下垂,跛行及产蛋率下降,最后因机体衰竭或肝破裂而死亡。

（四）防治措施

用血清平板凝集试验和琼脂扩散试验不断检查,并清除阳性反应雉鸡。对笼舍、用具、场地进行彻底消毒,用健康雉鸡群产的蛋作种蛋,孵育雉鸡雏,建立无雉鸡结核雉鸡群,对不同的雉鸡群采取不同的检疫方法和防治措施。

## 四、禽霍乱

禽霍乱又称禽巴氏杆菌病、禽出血性败血症,是我国养禽业中危害较大、能造成极大损失的细菌性传染病。

（一）病原

本病原为多杀性巴氏杆菌,革兰氏阴性。为卵圆形的短小杆菌,少数近于球形,无鞭毛,不能运动,不形成芽孢。该菌对消毒药物和热抵抗力不强。

（二）流行特点

巴氏杆菌广泛分布在自然界中,是一种条件性的病原菌,本病一般春秋两季发生较多。当饲养管理和兽医卫生不良时,由于寒冷、气候突变营养缺乏等诱因,使机体抵抗力降低,发生内源性感染。病禽的排泄物污染饲料、饮水、用具和外界环境,经消化道、呼吸道传染为外源性感染。

（三）临床症状

本病的潜伏期为4～9天。多数病例为急性型,病禽表现为精神不振、口渴、体温升高,常有剧烈腹泻,粪便呈灰黄色,呼吸困难,最后衰竭死亡。

（四）防治措施

搞好饲养管理，提高机体抵抗力，加强舍内清洁卫生，及时清除粪便，定期对禽舍进行消毒。发生本病后，应用抗生素和磺胺类药物有一定的疗效，喹乙醇治疗效果也较好。

## 五、白痢

白痢是由沙门氏菌引起的一种急性败血性传染病，发病率和死亡率都很高。

（一）病原

沙门氏菌为革兰氏阴性小杆菌，无荚膜，无鞭毛，不产生芽孢。对冷热均具有一定的抵抗力，但对化学剂抵抗力不强。

（二）流行特点

幼龄禽最易感染，7～12日龄雏禽多发，15日龄左右出现死亡高峰，3周龄后发病减少。本病的发生与饲养管理密切相关，如天气骤变、大风降温、温度过高、密度过大等均能诱发本病。

（三）临床症状

经卵感染者，孵化中出现死胚，有的出壳后1～2天死亡，健康带菌者7～10日龄才发病。急性者无症状死亡，稍缓者表现张口呼吸，精神萎靡，双翅下垂，有的病雏排少量白色糨糊状粪便，常粘着在肛门周围，排便时痛苦尖叫，最后衰竭死亡。

（四）防治措施

应用呋喃唑酮按照0.03%～0.04%的比例拌在饲料里，也可用土霉素、金霉素或四环素按照0.1%～1.2%的比例拌在饲料中，连喂7天，起到预防和治疗的效果。同时加强育雏期的饲养管理，禽舍及一切用具要注意经常消毒。育雏室及运动场保持清洁干燥，饮水槽及饮水器每天清洗一次，并防止被粪便污染。若发现病雏，要迅速隔离消毒。

## 六、传染性喉气管炎

传染性喉气管炎是由病毒引起的急性呼吸道传染病。其特征是呼吸困难、咳嗽、喉头和气管黏膜肿胀、出血并形成糜烂。传播快，死亡率较高，危害珍禽养殖业的发展。

（一）病原

病原属疱疹病毒Ⅰ型，本病毒对外界环境的抵抗力很弱，3％煤酚皂液、1％氢氧化钠1分钟可杀死。低温条件下，存活时间较长。

（二）流行特点

本病主要侵害鸡，幼龄雉鸡、鹌鹑、火鸡易感，野鸭、珍珠鸡和鹧鸪不易感，珍禽群拥挤、笼舍通风不良，饲养管理差，缺乏维生素A、寄生虫感染等，都可促进本病的发生和传播。

（三）临床症状

急性患禽初期有鼻液，眼流泪，随着病情的发展表现为特征性的呼吸道症状，发生咳嗽、呼吸困难、禽体消瘦，有时排绿色稀便，最后多因衰竭死亡。

（四）防治措施

本病目前尚无有效的治疗药物，发病时可对症治疗及用抗生素药物防止继发感染。及时淘汰病禽，是防止本病的重要措施。对本病的免疫，目前多采用弱毒苗和细胞灭活苗。

**七、禽脑脊髓炎**

珍禽脑脊髓炎是由禽脑脊髓炎病毒引起的一种病毒性疾病，以幼禽共济失调、麻痹和通常出现头颈震颤为特征。

（一）病原

病原体是禽脑脊髓炎病毒，该病毒有较强的抵抗力，用20％的生石灰、5％的漂白粉、5％的石炭酸或苛性钠溶液等处理20分钟才能灭活。

（二）流行特点

本病主要发生在1月龄以下雏禽，一年四季均能发生。传播方式一种是通过种蛋传播，另一种是通过粪便传播。该病原传播迅速，短时间内可使全群发病。

（三）临床症状

雏禽表现为精神萎靡，运动失调、卧地不起，后期头颈部持续性震颤，最后因饥饿、衰竭死亡。

（四）防治措施

育雏室常用10％百毒杀配成适当比例带禽消毒。对发病的病雏和死雏及时焚烧或深埋处理。

在本病疫区可接种弱毒疫苗，在非疫区，一律采用禽脑脊髓炎病毒油乳剂灭活疫苗肌注。

## 八、禽链球菌病

珍禽链球菌病是由链球菌引起的一种急性、败血性传染病。

（一）病原

该病原有两种，即兽疫链球菌和粪链球菌。革兰氏染色阳性，成对或成链存在，不形成芽孢。抵抗力较弱，一般消毒药均可杀死。

（二）流行特点

兽疫链球菌主要感染成龄雉鸡、火鸡、鹌鹑等，粪链球菌主要感染幼禽。兽疫链球菌感染途径尚未定论，粪链球菌通过排泄而造成污染。

（三）临床症状

表现精神沉郁，体温升高、离群、嗜睡、呆立、腹泻、消瘦。幼禽表现运动障碍，转圈、痉挛。

（四）防治措施

加强饲养管理和卫生防疫消毒制度，发现病禽及时隔离或淘汰。治疗用土霉素或四环素以0.04％～0.08％拌料喂3～5天。一般链球菌对青霉素、呋喃类药较敏感，效果良好。

## 九、曲霉菌病

曲霉菌是由真菌引起的多种禽类均易感的传染病。

（一）病原

致病性的曲霉菌种类有许多，常见并致病性最强的是烟曲霉菌，此外黄曲霉菌、黑曲霉菌、棕曲霉菌均是病原菌。呈现串珠状，在孢子顶部囊上呈放射排列，常存在于垫料和饲料中，此病易传染扩散。

（二）流行特点

所有禽类和其他动物都易感染。多发生于温度低，阴雨连绵的季节，主要侵害 1～20 日龄的幼禽，急性爆发造成大批死亡。本病的传播途径是由于幼禽吃了发霉饲料和吸入了真菌孢子经消化道和呼吸道感染。

（三）临床症状

主要症状是精神沉郁，体温升高，羽毛松乱，气喘，摇头并发出特殊的沙哑声。后期表现颈扭曲，头后仰症状。急性病例 2～4 天死亡，一般 2～4 周，死亡率 5%～20%。

（四）防治措施

主要是注意平时不喂发霉饲料，舍内保持干燥，垫草经常翻晒。在进雏前，最好用甲醛熏蒸消毒，食槽、饮水器、禽舍应定期消毒。发生本病，彻底清除烧毁霉变垫料，停喂发霉变质饲料。制霉菌素和硫酸铜同时应用效果良好。在饮水中加入碘化钾，连用 6 天。平时预防可用制霉菌素，每吨饲料加 50 克拌料，每月喂 1 周。

**十、珍禽副伤寒**

珍禽副伤寒是由多种沙门氏菌引起的一种禽类肠道传染病。

（一）病原

主要是鼠伤寒沙门氏杆菌，革兰氏染色阴性，大多数消毒剂，特别是甲醛熏蒸消毒极为敏感，可迅速被杀死。

（二）流行特点

所有禽类都易感，传染途径主要是通过消化道。鼠类和苍蝇是重要的带菌者，在本病的传播上起着重要作用。

（三）临床症状

孵出几天的雏禽感染后，往往症状不明显而突然死亡。10 日龄以上的雏禽发病后表现嗜睡，呆立，垂头闭眼，显著厌食，饮水增加，水泄样下痢，肛门粘有粪便，怕冷靠近热源或相互拥挤。

（四）防治措施

应用抗生素、呋喃类或磺胺类药物防治珍禽副伤寒，对减少珍禽死亡有一定作用。实行孵化室和笼舍彻底消毒，种卵孵化前清洗消毒，加强饲养管理是防止本病发生的根本措施。

## 十一、大肠杆菌病

大肠杆菌病是由大肠埃希氏菌的某些血清型引起的一种细菌性传染病。

（一）病原

大肠埃希氏菌的致病菌株为革兰氏染色阴性大肠菌，周身有鞭毛，能产生毒素。抵抗力不强，一般消毒剂均易将其杀死。

（二）流行特点

各种禽类都能感染，但幼禽更易感。幼禽常于气候多变季节发病，特别是 30 日龄左右禽感染率高，呈急性经过，成年禽呈慢性感染。大肠杆菌属条件性致病菌，广泛分布于自然界中，本病的发生常与饲养管理不当及卫生条件差有关。

（三）临床症状

病禽表现为食欲减少、精神萎靡、发冷而喜拥挤在一起。经卵感染或孵化后感染则引起败血症，出壳后几天内大批死亡。病禽粪便呈黑色水样，长时间不愈。成年禽易发生关节滑膜炎、输卵管炎等症。

（四）防治措施

对饲养管理的各个环节采取严格的卫生消毒措施，在饮水和饲料中可定期添加抗生素类药物，同时饲料中矿物质和维生素含量要适当。

用禽大肠杆菌多价超声灭活菌苗皮下注射，效果很好。发生败血症时呋喃类药物较为有效，发生下痢时，应用新生霉素效果较好。

# 第三节  常见寄生虫病的防治

## 一、球虫病

球虫病是由艾美尔属的多种球虫寄生于珍禽的小肠及盲肠上皮细胞内一种危害严重的病原虫病。

### （一）病原

本病病原为球虫卵囊，是一种单细胞的原虫。现已确定有艾美尔球虫中的 8 种可引起本病，其中以脆弱艾美尔球虫和毒害艾美尔球虫致病性最强。球虫卵囊对一般消毒剂有很强的抵抗力，但对高温、干燥抵抗力弱。

### （二）流行特点

各种珍禽都有易感性，感染球虫的途径和方式是食入感染性卵囊。凡被病禽或带虫禽的粪便污染过的饲料、饮水、土壤或用具等，都有卵囊存在。健康禽饮食了污染的饲料、饮水、粪便就会感染本病，尤其是幼禽最易感。另外，禽舍潮湿、拥挤、地面平养，最易发病。

### （三）临床症状

多发生于雏禽，初期表现精神沉郁，羽毛松乱，肛门周围污染粪便，生长停滞。青年珍禽表现消瘦，产蛋量下降，带有间歇性下痢，有的出现角弓反张神经症状。死亡率较低。

### （四）防治措施

搞好环境卫生，定期消毒，室内要通风换气，及时清除粪便，垫草要干燥卫生，勤换垫料。定期在饲料中加入适量防球虫病药，如球虫灵、呋喃唑酮等。免疫预防可用柔嫩艾美尔球虫弱毒苗，稀释后拌入饲料中，在 6 日、7 日、8 日龄时分 3 次喂服。免疫期可达 7 个月。

## 二、火鸡盲肠肝炎

火鸡盲肠肝炎又称为黑头病，是火鸡消化系统的一种寄生虫病，传染性很强，主要侵害肝脏和盲肠。

（一）病原

病原是组织滴虫属的火鸡组织滴虫，为多形性虫体，大小不一，原虫具有 2～4 根鞭毛，侵入宿主组织后，失去鞭毛成为变形虫样。

（二）流行特点

主要感染火鸡，幼龄火鸡多发鸡异刺线虫是组织滴虫的主要传播者。被虫卵污染的饲料、饮水、饲养场地及吞入虫卵的蚯蚓均成为传染源。一般消毒药物对虫卵几乎无作用，所以本病一旦侵入火鸡场，不易消灭。饲养管理不当、卫生条件差及维生素缺乏，往往是本病发生的诱因。

（三）临床症状

发病初期表现精神不振，行走不稳，羽毛松乱，两翅下垂，下痢，粪便呈淡黄色或淡绿色，严重时粪便带血。病火鸡不爱活动嗜睡，头部发绀。感染后 11～12 天，火鸡体重减轻。

（四）防治措施

火鸡饲养场不能同时饲养其他家禽，这是最根本的控制措施。自然光照是灭卵的好方法，阳光辐射和干晒还可以增强火鸡机体的抵抗力。注意加强综合防疫措施，定期移动水槽和料槽。饲养火鸡最好利用关闭的房舍。注意日粮的配合和及时驱虫是预防本病的重要措施。

**三、鸵鸟住白细胞原虫病**

鸵鸟住白细胞原虫病是由寄生在鸵鸟的血液和内脏器官的组织细胞内的一种原虫引起的。特征为患鸟严重贫血、腹泻及严重的心肌炎。

（一）病原

病原体是疟原虫科住白虫属的鸵鸟住白细胞原虫。住白细胞原虫的生活史包括有性和无性生殖两个阶段，有性阶段在蚋体内进行。在肝肺等器官进行无性生殖，并对这些组织器官造成损害，从这些器官释放出的裂殖子可感染血细胞。

（二）流行特点

一般来说，本病多发生于夏季，特别在气温 20℃以上时有利于蚋的繁殖，并且多在小溪、浅湖或沼泽等多水地区发生。

（三）临床症状

病鸟精神沉郁、食欲不振，饮水减少，消瘦，排水样白色或绿色粪便，出现贫血，可视黏膜苍白。

（四）防治措施

定期用溴氰菊酯等杀虫剂喷洒鸟舍周围的墙根、树木，可收到一定效果。

治疗本病可在饲料中添加 100 毫克/千克磺胺喹噁啉，连续饲喂 7 天，有效果，而后期用 50 毫克/千克混于饲料或饮水中进行预防。

# 第四节　其他疾病的防治

## 一、痛风病

珍禽痛风病是由于蛋白质代谢障碍引起的一种珍禽代谢性疾病。它以体内产生大量尿酸，并沉积于关节、软骨、内脏，临床表现行动迟缓，关节肿大，跛行，腹泻等为特征。

（一）病因

日粮中蛋白浓度过高是引起本病的主要原因。维生素 A 缺乏，禽舍潮湿，运动不足及一些疾病都可诱发本病。

（二）临床症状

病禽精神不振，羽毛蓬乱，食欲减少或废绝，逐渐消受闭眼发呆。拉稀排白色稀便，病程短的 2～4 天死亡，长者 1 周死亡。若由高钙日粮引起的则表现关节肿大，触摸关节柔软，轻压躲闪，挣扎，哀鸣痛叫。

（三）防治措施

预防主要控制饲料中蛋白质含量，特别是动物性蛋白质的含量不能过高，通常饲料中蛋白质总的含量不能超过 20％。并加强饲养管理，保证充足的饮水及新鲜青绿饲料的供给，适当增加运动，经常补给维生素 A。

## 二、啄癖症

啄癖症是一种复杂的多种疾病综合征，以珍禽互相啄食和自啄而造成的伤害为特征。

### （一）病因

饲料营养不全价，如缺乏蛋白质、氨基酸、维生素及矿物质等；饲养管理不当；体表有寄生虫或外伤出血；成年母禽泄殖腔或肛门脱出等。

### （二）临床症状

临床上将啄癖症分为啄肛癖、啄卵癖、啄羽癖等。

### （三）防治措施

饲料的配合要科学合理，不能喂单一的饲料，特别是必要的蛋白质、矿物质和维生素更不可缺少。改善饲养管理条件，保持笼舍清洁，不同年龄的珍禽要分开饲养，发现有恶癖的珍禽，及时隔离。防治啄癖最有力的措施是对珍禽断喙，特别是雉雏。给珍禽服用防治啄癖症的添加剂药物，对控制本病的发生发展可收到良好的效果。